LEHRBUCH

DER

CHEMISCHEN UND PHYSIKALISCHEN

GEOLOGIE

VON

GUSTAV BISCHOF.

Supplement-Band.

Mit 20 Holzschnitten.

BONN,

BEI ADOLPH MARCUS.

1871.

Vorrede.

Nach der Vollendung der zweiten Auflage des Lehrbuchs der chemischen und physikalischen Geologie hat der Verfasser trotz seines vorgerückten Alters und seiner Augenschwäche, welche die vollständige Benutzung und Verwerthung der täglich sich häufenden Literatur kaum gestattete, fortgefahren, Zusätze zu dem bahnbrechenden Werke seines Lebens auszuarbeiten und neue noch nicht besprochene Kapitel der Geologie in den Kreis seiner Forschungen zu ziehen. Der Tod ereilte ihn in dieser Thätigkeit am 30. November des vorigen Jahres.

Es war der Wunsch des Verewigten, dass diese Untersuchungen, wenn ihm selbst die Veröffentlichung nicht mehr beschieden sein sollte, durch den Unterzeichneten herausgegeben werden möchten.

Indem dieser die letzte Bestimmung des hervorragenden Fachgenossen, des allezeit wohlwollend gesinnten Lehrers und Freundes erfüllt, übergibt er hierdurch das vorgefundene Manuscript unter Hinweglassung etlicher allzu unvollendeter Kapitel der Oeffentlichkeit. Weder dem übernommenen Auftrage noch der Pietät gegen den Verfasser würde es entsprochen haben, wenn der Herausgeber auch nur einen von denjenigen Punkten, in welchen er sich mit ersterem in Meinungsverschiedenheit befindet, irgendwie verändert hätte.

Leipzig, August 1871.

F. Zirkel.

Inhalt.

Kapitel I.

Meer und Meeresströmungen.

§. 1. Specifisches Gewicht und Temperatur des Meerwassers.

Das specifische Gewicht des Meerwassers nimmt zu, wenn der Salzgehalt zunimmt oder wenn die Temperatur abnimmt. Die Zunahme des Salzgehalts mit der Tiefe ist noch problematisch [1]); die Abnahme der Temperatur mit der Tiefe dagegen ist eine vollkommen constatirte Thatsache. Zu dieser Thatsache mufs man Zuflucht nehmen, wenn man aus der Zunahme des spec. Gewichts des Meerwassers mit der Tiefe die unteren Meeresströmungen erklären will.

Wenn auch nicht eine einzige Temperatur-Beobachtung in der Tiefe des Meeres vorläge: so würde man schon a priori zu dem Schlufs kommen, dafs dort eine niedrigere Temperatur, als an der Oberfläche herrschen müsse.. Nehmen wir für einen Augenblick an, dafs jemals eine gleiche Temperatur in den verschiedenen Tiefen des Meeres, etwa + 22° R. geherrscht habe: so würde schon der erste Winter eine Temperatur-Abnahme von oben nach unten herbeigeführt haben; denn in den höheren Breiten, wo die Wintertemperatur unter Null sinkt, würde die Temperatur der Meeresoberfläche bis zu gleichem Grade gesunken sein. Das dadurch specifisch schwerer gewordene Wasser würde niedergesunken sein; dies würde sich in jedem folgenden Winter wiederholt haben, bis endlich ein gewisses Minimum der Temperatur in den Tiefen des Meeres eingetreten wäre. Dafs selbst die geringste Erkältung der Oberfläche einer

[1]) Ueber das Wasser des Weltmeers in verschiedenen Tiefen in Rücksicht auf die Temperatur und den Salzgehalt von E. Lenz in Poggendorff's Ann. XX. S. 73 ff.

Wassersäule niedergehende Wasserströme bewirkt, haben meine Versuche erwiesen [1]).

Dies a priori ermittelte Verhältniss ist durch die mit aller Sorgfalt und Umsicht angestellten Beobachtungen von Lenz bestätigt worden [2]). Aus denselben ergeben sich folgende Resultate: 1) Die Temperatur des Weltmeers nimmt, von 45° N. Br. bis zum Aequator, bis auf 6000 Fufs Tiefe beständig ab. Tiefen von mehr als 6000 Fufs sind noch nicht untersucht. 2) Die Temperatur nimmt im Anfange schleunig ab, dann immer langsamer und zuletzt fast unmerklich. 3) Der Punct, wo die Abnahme unmerklich zu werden anfängt, scheint mit der gröfseren Breite höher heraufzurücken. Bei 41° und 32° Br. liegt er zwischen 1200 und 1800 Fufs, bei 21° bei 2400 Fufs. 4) Die niedrigste Temperatur, welche in der Tiefe jener Breiten gefunden wurde, war 1°,76 R., und gleiche Temperatur haben ungefähr alle Tiefen, in denen die Abnahme unmerklich zu werden anfängt. Diese niedrigste Temperatur rückt also, nach 3), mit höherer Breite immer mehr herauf, und es wäre interessant, zu beobachten, in welcher Breite dieselbe die Oberfläche erreicht.

Die Grenze zwischen den unteren Schichten des Meeres, wo die Temperatur constant wird, und den oberen, wo dieselbe von oben nach unten abnimmt, bildet also ein planum inclinatum, welches in den Polarzonen mit der Meeresoberfläche coincidirt, und sich bei 21° Br. 2400 Fufs hinabzieht. Unterhalb dieser Grenze hat daher das Meerwasser das gröfste spec. Gewicht, oberhalb derselben nimmt letzteres bis zur Oberfläche ab.

Später [3]) durchmusterte Lenz sämmtliche Beobachtungen, welche auf verschiedenen Seereisen über die Temperatur des Weltmeers in der Tiefe angestellt worden sind. Sie bestätigten, dafs die Temperatur in gewissen Tiefen stets constant ist. Wir wählen aus den Beobachtungen von Lenz die folgenden, weil sie bis zu den gröfsten Tiefen reichen, aus:

---

[1]) Meine Wärmelehre S. 429 ff.

[2]) Ebend. S. 142 ff.

[3]) Poggendorff's Annal. Erg. Bd. II. S. 615.

N. Br.	Tiefe in par. Fufs.	Corrigirte Temperatur.	Bemerkungen.
21° 14′	0	21°,1 R.	Mai 1824
	844	13°,1	Südsee.
	2478	2°,5	
	3991	2°,3	
	5489	2°	

Mittel 8°,2 der Meerwassersäule von 5489 F.

Die Höhen zweier communicirender Wassersäulen von ungleichem spec. Gewicht, welche im hydrostatischen Gleichgewicht stehen, verhalten sich umgekehrt, wie diese specifischen Gewichte.

Erman jun.[1]) bestimmte die specifischen Gewichte einer Kochsalzlösung von 1,027, also ungefähr dem mittleren spec. Gewicht des Meerwassers für die Temperaturen 0° bis 12° R. Danach ist das spec. Gewicht eines solchen Wassers von 8°,2 gleich 0,99822 und von 2° gleich 0,99946.

Da 0,99946 : 0,99822 = 5489 : 5482,2, so steht also eine Meerwassersäule von 5482,2 Fufs und von 2° Temperatur mit einer Säule von 5489 Fufs und von 8°,2 Temperatur im hydrostatischen Gleichgewicht. Die wärmere Säule steht demnach um 6,8 Fufs höher als die kältere. Fliefst nun auf die kältere Säule fortwährend Wasser, so dafs sie die Höhe der wärmeren erreicht: so mufs von dieser fortwährend Wasser abfliefsen.

Diese Zahl steigt, wenn in niedrigeren Breiten als 21° der Punct, wo die Abnahme der Temperatur unmerklich zu werden anfängt, noch tiefer als 5489 Fuss liegen sollte, und nimmt ab, wenn dieser Punct höher hinaufrückt. Dieser Fall findet wirklich statt; denn Lenz fand in 7° 22 Min. N. Br. schon in 3234 Fufs eine Temperatur von 1°,76. Genannte Zahl steigt auch, wenn, wie in den höchsten Breiten, in denen noch die Temperatur der Oberfläche und der Tiefe gemessen wurde, diese Temperaturen unter Null fallen.

Da die Beobachtungen in der nördlichen Halbkugel[2]) in gröfster Anzahl und im gröfsten Umfange der Breitengrade angestellt wurden, so beschränken wir uns auf diese, und führen aus der südlichen Halbkugel nur diejenigen an, welche Vergleichungen zulassen.

[1]) Poggendorff's Annal. Bd. XX. S. 114 ff.

[2]) Neu-Gehler. B. IV. S. 1676 ff.

Breite.	Länge.	Monat.	Temper. der Oberfläche. Réaumur.	Tiefe engl. Fufs.	Temperatur der Tiefe.	Beobachter.
67°	61° W.	Septbr.	+ 0°,4	2400	+ 0°,4	Sabine.
				4080	— 2,8	»
67		Juni	0 0	4500	— 2,2	Perron.
67	68 »	»	+ 0,4	480	— 0,8	Ross.
				1200	— 1,3	»
				2400	— 1,5	»
				4020	— 3,1	»
69		August	+ 2,9	3900	0,0	Perron.
72	79 »	Septbr.	0,0	3000	+ 1,3	Ross.
				3600	+ 0,8	»
				4200	+ 0,4	»
				4800	0,0	»
				6000	— 0,08	»
				6030	— 1,6	»
72	71 »	»	+ 1,4	6000	— 1,6	Sabine.
72	73 »	»	+ 1,8	1476	— 0,9	»
72	19 »	August	+ 0,9	678	— 1,3	Scoresby.
73	74 »	»	+ 1,4	1140	— 0,8	»
73	79 »	»	0,0	6300	— 1,5	Ross.
73,5		»	+ 1,1	480	0,0	»
				1200	— 1,1	»
74	77 »	»	+ 1,3	750	— 0,6	Parry.
				3840	— 1,1	Ross.
74	79 »	»	+ 2,0	1410	— 1,1	Sabine.
75	59 »	Juli	0,0	1182	— 1,0	Parry.
75	77 »	August	+ 1,8	1020	— 0,5	Sabine
75	4 O.	Septbr.	0,0	4536	+ 1,8	Franklin.
75,5		Juli	+ 0,9	1884	0,0	Ross
76	78 W.	August	— 0,4	600	— 0,8	Parry.
				1440	— 1,0	»
76	76 »	»	— 0,4	480	— 0,6	Ross.
				2520	— 1,1	»
76	63 »	»	+ 0,9	2490	— 1,4	Sabine.
76	66 »	»	0,0	1200	— 0,8	»
				2526	— 1,2	»
76	9 O.	April	— 0,6	300	— 0,7	Scoresby.
				738	+ 0,8	»
				1380	+ 0,6	»
76	11 »	»	— 1,7	120	— 1,8	»
				300	— 1,7	»
				738	— 0,9	»
76,5	10 »	»	— 0,9	120	— 0,5	»
				240	+ 1,4	»
				360	+ 0,9	»
				600	+ 1,2	»
77	78 W.	August	— 0,2	600	— 0,6	Sabine.
				1440	— 1,1	»
77	8 O.	Mai	— 1,2	120	— 1,2	Scoresby.
				240	— 1,2	»
				360	— 0,9	»
				600	— 0,9	»
77	12 »	»	+ 0,4	4200	+ 4,9	Franklin.

Breite.	Länge.	Monat.	Temper. der Oberfläche. Réaumur.	Tiefe engl. Fufs.	Temperatur der Tiefe.	Beobachter.
77°,5	2°,5 O.	Mai	— 1°,4	300	— 1°,2	Scoresby.
				660	— 0,5	»
78	0 W.	Juni	0,0	4566	+ 2,6	»
79	5,5 O.	Mai	— 1.4	4380	+ 2.2	»
				78	— 0,5	»
				222	+ 0,7	»
79	5.5 »	»	— 1,4	342	+ 1,2	»
				600	+ 1,8	»
				2400	+ 1,8	»

Vergleichen wir ohne Berücksichtigung der ungleichen Jahreszeiten und Meerestiefen die Temperatur-Beobachtungen der Meerestiefen in den beiden Halbkugeln mit einander: so findet man, dafs in der nördlichen Halbkugel zwischen 0° und 79° Breite die Temperaturen von + 23°,5 auf — 3°,9 sinken, während sie in der südlichen Halbkugel zwischen 0° und 59° Breite von + 26°,1 auf + 1°,1 sinken.

Vergleichen wir die nahe in gleichen Tiefen und gleichen geographischen Breiten in den beiden Halbkugeln angestellten Temperatur-Beobachtungen der Meerestiefen: so sind es folgende, in denen solche Vergleichungen zulässig sind:

Nördliche Halbkugel.			Südliche Halbkugel.		
Breite.	Meerestiefe in engl. Fufs.	Temperatur. Réaumur.	Breite.	Meerestiefe in engl. Fufs.	Temperatur. Réaumur.
0°,5	414	14°,4	0°,5	480	13°,9
2	468	14,0	2	480	13,9
4	480	15.1	4	432	13,3
5	474	13,5	5	378	14,0
8	600	13,4	8	366	17,8
11	492	13,5	11	432	18,5
16	392	18,5	16	276	17,0
19	420	14.4	19	390	17,0
33	1200	12,0	33	870	18,9

Man möchte hieraus schliefsen, dafs die Temperaturverhältnisse auf beiden Halbkugeln keine sehr verschiedenen sind.

§. 2. Niveau-Verhältnisse der Meere.

Nach der Theorie müssen Meere, welche gleiche Temperatur und gleiche Zusammensetzung haben, in gleichem Niveau liegen, wenn ihr Zusammenhang in noch so weiter Ferne stattfindet. Der geeigneteste Punct auf der ganzen

Erde zur Beantwortung der Frage, ob gleichwohl eine Niveau-Differenz zwischen zwei Meeren, welche nur in weiter Entfernung mit einander communiciren, besteht, ist die Landenge von *Panama*. Hier ist der *Atlantische* vom *Stillen Ocean* durch eine nur ungefähr 15 Meilen breite Landenge getrennt. Eine Communication beider Meere findet aber erst an der Süd- und Nordspitze *America's* statt. In den Jahren 1828 und 1829 wurde von Lloyd und Falmark ein geodätisches Nivellement [1]) ausgeführt, um für die Anlegung eines Kanals oder Schienenwegs die passendste Linie auszumitteln. Aus dieser mit aller Sorgfalt gemachten Vermessung ergab sich die Niveaudifferenz zwischen dem *Stillen* und *Atlantischen Ocean* als so unbedeutend, dafs Fluth und Ebbe schon hinreichen, sie bald positiv bald negativ zu machen; es wird also die Frage, welches dieser beiden Meere höher sei, nothwendig von der abhängig, wie man den mittleren Wasserstand aus den periodischen Oscillationen zu bestimmen habe. Dieses Resultat ist in völliger Uebereinstimmung mit der Theorie; denn die Temperatur-Verhältnisse dieser beiden einander so nahe liegenden Meere sind gewifs gleich.

Wenn der ganze Ocean weder durch Luft- noch durch Wasserströme in Bewegung gesetzt würde: so würde seine Oberfläche eine vom Aequator gegen die Pole geneigte Ebene bilden, d. h. das Aequatorial-Meer würde nach obigen Berechnungen ungefähr 6,8 Fufs, selbst 14,5 Fufs höher stehen, als die Polarmeere. Hätte jemals dieser Zustand stattgefunden, hätten später die Passatwinde ihre Thätigkeit begonnen und Meerwasser vom Aequator nach dem Polarmeer geführt: so würde der jetzige Zustand eingetreten sein, wie dies die Aequatorial-Ströme zeigen.

Angenommen, dafs die Zunahme des spec. Gewichts der Kochsalzlösung in dem Meerwasser unter Null in demselben Verhältnifs wie über Null stattfindet: so würde das des Meerwasser bei — 4°,4 gleich 1,000856 sein. Da nun nach den obigen Calculationen das spec. Gewicht des Meerwassers bei 8°,2 gleich 0,99822 ist: so verhält sich:

$$1{,}000856 : 0{,}99822 = 5489 : 5474{,}5.$$

[1]) Poggendorff's Annal. Bd. XX. S. 133.

Demnach würde eine Meerwassersäule von 5474,5 Fufs und von — 4°,4 mit einer Säule von 5489 Fufs und von + 8°,2 im hydrostatischen Gleichgewicht stehen. Die Höhendifferenz dabei beträgt 14,5 Fufs.

§. 3. Geschwindigkeiten der Meeresströmungen.

Die Erforschung aller Verhältnisse des Meeres, welche die Bildung der sedimentären Formationen begründen und modificiren, ist einer der wichtigsten Gegenstände der chemischen und physikalischen Geologie. In meinem Lehrbuch dieser Wissenschaft habe ich im Kapitel „Meer“ den Anfang gemacht, hier folgt als Fortsetzung, gröfstentheils auf eigene Untersuchungen gegründet, eine Betrachtung der geologischen Bedeutung der Meeresströmungen.

Folgende Geschwindigkeiten der Aequatorialströmung wurden gefunden in 1 Secunde:

0,66 par. Fufs	im *Atlantischen Ocean*, nach Daussy und v. Humboldt.	
1,3 » »	unter dem Aequator, nach J. Ross.	
2,1 » »		
2,3 » »		
3,3 » »	in 2° N. Br., nach demselben.	
3,9 » »	nach E. Sabine.	
0,79 » »	Minimum	im *Atlantischen Ocean* zwischen *Africa*
1,72 » »	Maximum	und *America* [1]).

Im *Stillen Meer* wurden 1 bis 2 Fufs gefunden.

Aus vorstehender Tabelle ergibt sich, dafs die gröfsten bis jetzt gemessenen Geschwindigkeiten der Meeresströmungen nahe mit der mittlern Geschwindigkeit der Flüsse, nämlich 3 bis 4 par. F. in 1 Secunde, übereinstimmen.

Ein Schiff wurde von Eismassen umzingelt, 29 Tage lang nach Südost [2]) fortgetrieben, zuerst 4 Seemeilen täglich, nachher beinahe 1 Seemeile in jeder Stunde. Das Schiff befand sich am Ende 300 Seemeilen vom *Cap Race* unter 44° 37′ Breite.

[1]) Chart of the world constructed by Hermann Berghaus and Fr. v. Stülpnagel.

[2]) Handbuch der Erdkunde von G. A. v. Klöden, I. Theil, S. 449 u. 452 und »Über die Lehre von den Meeresströmungen« von Dr. A. Mühry, 1869, S. 16 f.

Hieraus ergeben sich die Geschwindigkeiten in 1 Secunde

zuerst . . . 0,26 p. F.
nachher . . 1,58 » »

Woher diese bedeutenden Differenzen rühren, ist nicht aufgeklärt.

Eisinseln, welche in 24 Stunden 24 Seemeilen fortgetrieben werden, würden von 72° nördlicher Breite bis 22° nördlicher Breite 125 Tage gebrauchen. Eisinseln, welche wie jenes Schiff in 24 Stunden nur 4 Seemeilen weit fortgetrieben werden, würden 750 Tage nöthig haben. Eine so lange Zeit kann aber wegen des fortwährenden Abschmelzen des Eises nicht angenommen werden, so dafs die Annahme gerechtfertigt erscheint, dafs Eisinseln, welche sehr weit nach Süden gelangen sollen, täglich mindestens 24 Seemeilen weit fortgetrieben werden müssen.

§. 4. Mächtigkeit der Meeresströmungen. Organische Formen in grofser Tiefe.

Der Strom, welcher am *Cap der guten Hoffnung* neben der *Agullas-Bank* vorbeigeht, und sich in den Canal von *Mosambique* ergiefst, hat wenigstens eine Tiefe von 2763 par. Fufs.

Irminger[1]) fand in 25° N. Br. und 65° W. Länge eine nordwestliche Strömung in einer Tiefe von 2930 Fufs. Dupetit-Thouars und Tessian[2]) fanden in der *Humboldtströmung* längs der Westküste von *Südamerica* eine bis zu 5000 Fuss reichende Strömung.

Im Jahre 1819 wurde unter 4° N. Br. im *Atlantischen Ocean* eine Sonde von 6 Centner Gewicht herabgelassen. Als 2000 Klafter abgelaufen waren, zog man sie herauf, wobei aber das Seil, noch bevor der vierte Theil desselben aufgewunden war, rifs. Man schätzte die Tiefe, welche die Sonde erreicht hatte, nur auf 1000 Klafter (6000 F.?). Da fast gänzliche Windstille herrschte: so konnte das Schiff während der Messungen seinen Standpunct nicht geändert haben; das Gewicht, so schlofs man, war daher nur durch die Strömung in der

---

[1]) Zeitschr. f. allg. Erdk. 1854. S. 173.

[2]) Voy. de la frég. Vénus autour du monde.

Tiefe fortgetrieben worden. Diese Strömung würde sich also mindestens bis zu einer Tiefe von 6000 Fufs hinabgezogen haben.

Den evidentesten Beweis, dafs sich Meeresströmungen, wenn auch nicht alle, bis zum Meeresboden hinabziehen, liefern Ehrenberg's Untersuchungen von Proben desselben aus Tiefen von 10,800 bis 12,900 Fufs im *Atlantischen Ocean*. Er fand darin zahlreiche organische Formen, überwiegend kleine Muschelschalen, welche nicht leer, sondern oft mit thierischer Substanz erfüllt waren. Es sind Kalk- und Kieselschalen (meine Geologie Bd. III, S. 153).

Lange Zeit hindurch standen die Untersuchungen über das organische Leben in grofsen Meerestiefen fast gänzlich still, weil man der Behauptung von E. Forbes Glauben beimafs, dafs in Tiefen über 1800 Fufs wegen des daselbst herrschenden hohen Drucks und in Folge des vermeintlichen Mangels an atmosphärischer Luft und Licht kein organisches Leben existiren könne. Die Untersuchungen der letzten Jahre haben die Unrichtigkeit dieser Ansicht vollgültig erwiesen. Im *nordatlantischen Ocean* holte Wallich im Jahre 1860 vom Meeresgrunde aus einer Tiefe von 2400—4200 Fufs nicht nur Rhizopoden, sondern auch Mollusken und Echinodermen sämmtlich im lebenden Zustande hervor. An einem Kabel, welches zwischen *Bona* und *Cagliari* zwei Jahre in einer Tiefe von 1000 bis 1400 Klaftern am Grunde des Meeres geruht hatte, fanden sich mehrere Conchylien-Arten (Ostrea cochleas, Pecten opercularis und P. Testae), welche sonst im *Mittelmeere* in viel geringeren Tiefen sehr häufig getroffen werden; dann einige sonst seltene Schneckenarten (Monodonta limbata, Fusus lamellosus), ja es waren 14 Korallen auf das Kabel selbst angewachsen, welche drei verschiedenen Arten angehörten, von denen bisher noch keine im *Mittelmeer* getroffen worden war. Eine dieser Arten war fossil in *Piemont* und *Sicilien*, die zweite ebenfalls fossil in *Algier* gefunden worden und beide galten für erloschen. Die dritte Art aber ist ganz neu. Sars in *Christiania* erhielt 1864 an der *norwegischen Küste* mittelst des Schleppnetzes aus Tiefen von 1200—1440 Fufs 427 Species verschiedener Seethiere und darunter 70 Exemplare von Rhizocrinus lofotensis, einem der Familie der Apiocriniten angehörigen gestielten Crinoiden, welche seit dem Anfang der Tertiärformation gänzlich erloschen schienen.

Noch belangreicher sind die Untersuchungen, welche 1868 von J. Carpenter und W. Thomson zwischen der Nordküste von *Schottland* und den *Faeröer* in Tiefen von 432—3900 Fufs angestellt wurden. Es ergab sich als Resultat der Durchforschung des vom Meeresboden emporgebrachten Materials, dafs die Tiefen des Meeres nicht azoisch, sondern vielmehr reich bevölkert sind, ferner dafs daselbst seltene Thierformen und auch solche existiren, die man bisher nur als fossil kannte und dafs der hydrostatische Druck in grofsen Tiefen kein Hindernifs für das Dasein einer dort lebenden Thierwelt abgebe. Der Meeresschlamm besteht aus Globigerinen, Coccolithen und Coccosphären, welche in einer belebten protoplastischen, schleimigen, sarcodeähnlichen Substanz eingebettet sind, der Huxley den Namen Bathybius gab und welcher die Aufgabe zufällt, im Meerwasser aufgelöste organische Substanzen abzusondern und so trotz des Mangels an vegetativem Leben in grofsen Tiefen die Ernährung der daselbst befindlichen thierischen Organismen zu vermitteln. Da dieser kalkige Absatz nebst seinem Inhalt die gröfste Aehnlichkeit mit der Kreideformation besitzt, so stellt diese Ablagerung, indem die Bildung derselben seit der Kreidezeit ununterbrochen stattfand, eine fortgesetzte Kreideformation dar. In dem untersuchten Meerestheil grenzt in Folge des Verlaufs des aequatorialen und polaren Stroms eine wärmere und eine kältere Region hart an einander, deren Bevölkerung in gleicher Tiefe sowohl mit Bezug auf Gröfse als auf Species-Charakter wesentlich differirte. Mit Recht zogen daraus jene beiden Forscher den Schlufs, dafs die Beschaffenheit der Meeresfauna nicht von der Tiefe, sondern von der Temperatur und den Meeresströmungen abhängig sei.

Von Erfolg begleitet waren auch die Untersuchungen, welche von Agassiz und Pourtales 1867 und 1868 an der Südküste von *Nordamerica* zwischen *Florida*, *Cuba* und den *Bahama*-Inseln unternommen wurden. Im Juli 1869 nahm Jeffreys an der Ausmündung des Canals zwischen *England* und *Frankreich* Baggerungen in Tiefen von mehr als drei englischen Meilen vor, welche ergaben, dafs selbst in

14,610 Fufs Tiefe noch die verschiedenartigsten gröfstentheils unbekannten und merkwürdigen Thierformen existiren und gedeihen [1]).

Unbeweglichen Muschelthieren auf dem Meeresboden können Nahrungsmittel, so wie Kalk und Kieselsäure zum Bau ihrer Schalen nur durch das Meerwasser zugeführt werden. Sie können daher nicht in stillstehendem, sondern nur in bewegtem Wasser leben. Da nun bis zu jenen grofsen Tiefen die Wellenbewegung lange nicht mehr reicht, so kann neues Wasser nur durch bis zum Meeresboden niedergehende Strömungen zu den Organismen gelangen.

Wie zum Besten des organischen Reiches die Winde die atmosphärische Luft stets in nahe gleicher Zusammensetzung erhalten: so auch die Strömungen das Meer.

§. 5. Genetische Verhältnisse der Aequatorialströme.

Durch nachstehende Berechnungen und Versuche bemühten wir uns, Resultate zu gewinnen, woraus auf die Ursachen der Aequatorialströmung mit Wahrscheinlichkeit geschlossen werden kann.

Differenz zwischen den Rotationsgeschwindigkeiten des Bodens und der Oberfläche tiefer Meere. In einem 2 Meilen tiefen Meer ist, wie nachstehende Rechnung zeigt, die Differenz zwischen der Rotationsgeschwindigkeit des Bodens und der Oberfläche des Meeres eine bedeutende Grösse.

Nach genauen Messungen ist:

	par. Fufs
1 Grad im Aequator	342636
folglich die Peripherie	123348960
der Durchmesser	39283108
der Halbmesser	19641554
Hieraus ergibt sich die Geschwindigkeit eines Punctes im Aequator in 1 Sec. in runden Zahlen	1428
Subtrahirt man vom Halbmesser . . . =	19641554

[1]) Vgl. Verhandlungen der k. k. geologischen Reichsanstalt 1870. S. 46.

		par. Fufs
die Meerestiefe von 2 Meilen	=	45685
so ist der Halbmesser vom Mittelpunct der Erde bis zum Meeresboden	=	19595869
Da sich die Rotationsgeschwindigkeiten wie die Halbmesser verhalten: so ist die Rotationsgeschwindigkeit auf dem Meeresboden $\frac{19595869}{19641554} \cdot 1428$	=	1424,7
Die oben genannte Differenz ist daher . .		3,3
Der Halbmesser zwischen dem Mittelpuncte der Erde und einem Punct, wo eine Rotationsgeschwindigkeit von 1428 — 2,1 = 1425,9 in 1 Sec. stattfindet, ist: $\frac{19641554 \cdot 1425{,}9}{1428}$	=	19612669,3

Subtrahirt man diese Zahl vom Halbmesser unter dem Aequator: so erhält man eine Tiefe von 28861 par. Fuss. Die obige Zahl von 2,1 Fufs ist gleich der Geschwindigkeit eines Aequatorialstroms. Auf dem Boden eines Meeres von dieser Tiefe herrscht also eine Rotationsgeschwindigkeit von 1425,9 Fufs in 1 Sec. Nähme nun die ganze 28861 Fufs tiefe Wassersäule diese Rotationsgeschwindigkeit an: so würde ihre Oberfläche einem angrenzenden Punct der Meeresküste gegenüber, wo eine Rotationsgeschwindigkeit von 1428 Fufs stattfindet, um 2,1 Fufs in einer Sec. zurückbleiben, und so fort jede folgende Wassersäule. Eine ununterbrochene Strömung des Meeres mit der Geschwindigkeit 2,1 Fufs in 1 Sec. ist die Folge davon.

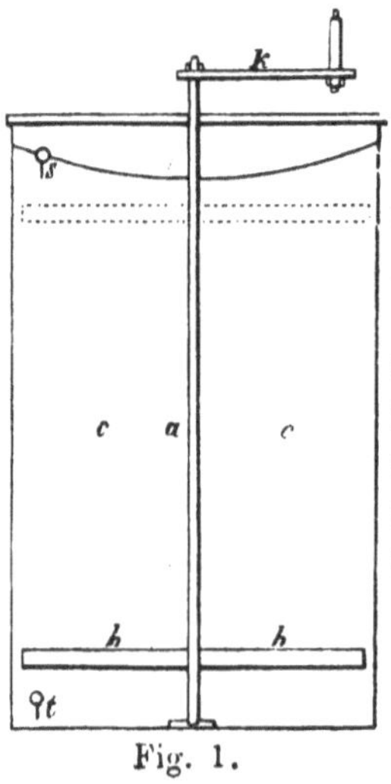

Fig. 1.

R o t a t i o n s v e r s u c h e. Es kam nun darauf an, durch Versuche zu ermitteln, wie sich die oberen Lagen einer Wassersäule verhalten, wenn die unteren mit gröfserer oder geringerer Geschwindigkeit bewegt werden.

Dazu diente der Apparat Fig. 1:

cc ein mit Wasser gefüllter Glascylinder,

a eine eiserne Axe,

b b ein daran befestigtes Querstück, welches, je nachdem es oben oder unten angesetzt wurde, das Wasser dort oder hier in rotirende Bewegung brachte,

k eine Kurbel zur Drehung der Axe,

s ein Schwimmer, aus einer hohlen Glaskugel bestehend.

Sollte sich die rotirende Bewegung des Wassers von oben nach unten fortpflanzen: so wurde das Querstück oben angesetzt, sollte sie sich von unten nach oben fortpflanzen: so wurde das Querstück unten angesetzt. In diesem Falle wurde der Schwimmer *t* durch eingetropftes Wasser so beschwert, dafs seine feine Spitze nur eben den Boden berührte, um die Reibung unmerklich zu machen.

Die Geschwindigkeit der Umdrehungen der Kurbel wurde nach und nach gesteigert. Bei nahe gleichen Geschwindigkeiten wurden mehrere Versuche angestellt, um mittlere Werthe zu erlangen.

In den Versuchen der ersten und zweiten Reihe wurde das Querstück unten angesetzt. Es pflanzte sich daher die dem Wasser ertheilte Bewegung von unten nach oben fort.

In den Versuchen dritter Reihe wurde das Querstück *bb* nahe unter dem Wasserspiegel angebracht. In diesen Versuchen pflanzte sich daher die dem Wasser ertheilte Bewegung von oben nach unten fort.

In der dritten Spalte der Tabellen (Umläufe des Schwimmers) wurde die Zahl der Umdrehungen der Kurbel angegeben, welche diese machen mufste, ehe der Schwimmer in Bewegung kam.

	Umdrehungen der Kurbel.	Umdrehungen vor den Umläufen.	Umläufe des Schwimmers.	Dauer der Versuche in Minuten u. Dec.-Minuten.
		Erste Reihe:		
I.	100	3	88	3,67
II.	100	3	92	3,60
III.	100	3	85	2,28
IV.	100	4	79	2,35
V.	100	4	80	2,05
VI.	100	4	82	1,79

	Umdrehungen der Kurbel.	Umdrehungen vor den Umläufen.	Umläufe des Schwimmers.	Dauer der Versuche in Minuten u. Dec.-Minuten.
		Zweite Reihe:		
I.	100	4	90	2,98
II.	100	4	88	3,12
III.	100	4	86	2,98
IV.	100	3	86	2,98
V.	100	4	87	3,16
VI.	100	4	79	3,02
VII.	100	4	88	2,28
VIII.	100	4	90	2,25
IX.	100	4	90	2,19
X.	100	3 bis 4	86	1,75
XI.	100	3 » 4	89	1,75
XII.	100	3 » 4	89	1,75
XIII.	100	3 » 4	92	1,42
XIV.	100	3 » 4	95	1,40
XV.	100	3 » 4	94	1,35
XVI.	100	3 » 4	95	1,19
XVII.	100	3 » 4	95	1,15
XVIII.	100	3 » 4	98	1,14
XIX.	100	3 » 4	95	0,93
XX.	100	3 » 4	95	0,93
XXI.	100	3 » 4	95	0,98
XXII.	100	3 » 4	95	0,82
XXIII.	100	3 » 4	95	0,79
XXIV.	100	3 » 4	94	0,79
		Dritte Reihe:		
I.	100	5	89	3,03
II.	100	5	91	2,96
III.	100	5	88	3,07
IV.	100	5	92	2,16
V.	100	4	90	2,02
VI.	100	4	95	2,02
VII.	100	3	81	1,75
VIII.	100	3	78	1,75
IX.	100	3	84	1,75

So ist denn, wie zu erwarten war, der empirische Beweis geführt worden, daſs die Geschwindigkeit einer Wassersäule, deren unterer Theil in Bewegung gesetzt wird, nach oben abnimmt. In den Versuchen wurde diese Bewegung in horizontaler Richtung bewirkt, im Meer findet sie in Folge der Rotation der Erde in einer gegen die Bahn der Erde geneigten Richtung statt. Vergebens habe ich mich bemüht, einen Apparat zu ersinnen, um die verticale Strömung des Meeres nachzuahmen.

Die Resultate unserer Versuche berechtigen zu dem

Schlusse, dafs die Geschwindigkeit einer rotirenden Meeressäule oben geringer sein müsse als unten. Das Meer macht daher eine scheinbar rückgängige Bewegung von Ost nach West.

Diese Wirkungen der Rotation zeigen sich auf eine erkennbare Weise in der Tropenzone, wo die Kraft das Maximum erreicht.

Die Differenzen der Geschwindigkeiten einer Meeressäule zwischen oben und unten brauchen nur gering zu sein, um daraus die Ursache der Aequatorialströmung erklären zu können.

Ein Punct auf dem Festlande des Aequator bewegt sich in Folge der Axenrotation in 1 Secunde 1428 Fufs von West nach Ost, das Wasser der Aequatorialströmung, wenn wir das Maximum der gefundenen Werthe setzen, dagegen in derselben Zeit von Ost nach West . 3,3 Fufs, Differenz . . . . 1424,7 „

Wenn daher die Geschwindigkeiten der Meeressäule vom Meeresboden bis zur Oberfläche nur um 3,3 Fufs abnimmt: so ist die Ursache der Aequatorialströmung gefunden.

Passatwinde. Was von der Meeresströmung von Ost nach West gilt, das hat auch Bezug auf die Luftströmung nahe in gleicher Richtung. Der leicht bewegliche Luftkreis, welcher nur mit dem geringen Gewicht einer Quecksilbersäule von 28 Zoll Höhe an der Erde haftet, kann nicht mit der schnellen Axenbewegung gleichen Schritt halten. Wie einem Zuge auf der Eisenbahn bei völliger Windstille ein Wind entgegenweht: so mufs auch der von West nach Ost rotirenden Erde ein Wind in umgekehrter Richtung entgegen wehen.

Die Geschwindigkeit eines Schnellzuges ist ungefähr 80 Fufs in 1 Secunde. Dies ist also auch die Geschwindigkeit des entgegenwehenden Windes. Man schätzt die Geschwindigkeit des Sturmes auf 50 Fufs, die der heftigsten Orkane auf 120 Fufs in 1 Secunde. Mit diesen Geschwindigkeiten kann sich daher jene künstlich hervorgerufene Geschwindigkeit messen.

Nehmen wir an, der Luftkreis habe gar keinen Antheil an der Rotation der Erde: so würde, da die Rotationsgeschwindigkeit derselben am Aequator 1428 Fuſs in 1 Secunde ist, daselbst ein Wind von gleicher Geschwindigkeit von Ost nach West blasen.

Die Passatwinde rühren demnach wie die Meeresströmung von der Axenumdrehung der Erde her. Ist die Geschwindigkeit derselben gröſser als die der Aequatorialströmung: so beschleunigen sie dieselben. Ihre Wirkung kann aber nur sehr oberflächlich sein.

§. 6. Anfang und Ende der Aequatorialströme.

Als Anfangspunct ist die Stelle anzunehmen, wo in 23° N. Br. die Westküste *Hinterindiens* und die Ostküste *Vorderindiens* zusammenstoſsen[1]). An der letzteren Küste zieht sie sich bis zur Südspitze *Vorderindiens* herab und um die Insel *Ceylon* in 8° N. Br., geht dann fast parallel mit dem Aequator und schneidet denselben in 73° O. L. von *Ferro*. Hierauf wendet sie sich nach S.W., kommt der Ostküste *Africa's* nahe, geht zwischen dieser Küste und *Madagascar* fort bis zur Südspitze *Africa's* in 34° S. Br. An der nördlichen Spitze von *Madagascar* bei den *Comoren*-Inseln in 12° S. Br. nimmt sie eine andere Strömung auf, die sich bis in die Nähe *Australiens (Neu-Holland)* in 22° S. Br. fast parallel mit dem Aequator laufend, rückwärts verfolgen läſst. Am *Cap* stöſst ein zweiter Strom, der von der Insel *Mauritius* herkommt, mit dem Aequatorialstrom zusammen. Nach der Umbiegung des *Cap* (Capstrom) zieht sich der Aequatorialstrom an der Küste von *Brasilien* bis zu 30° S. Br. fort.

Der mächtigere Arm des Aequatorialstroms im *atlant. Ocean* zieht sich von dem *Cap S. Roque* nordwestlich, bis er sich in ungefähr 20° N. Br. verliert.

An der Mündung des *Amazonenstroms* entsteht eine neue Strömung, welche sich durch das *Caraibische Meer* zwischen *Yucatan* und *Cuba* in den *Golf* von *Mexico* hineinzieht. Hier theilt sich die Strömung: ein Theil flieſst gleich östlich um *Cuba*, der andere erst westlich, dann nördlich

[1]) Wir folgen hier der von C. Adami nach den vorzüglichsten Quellen gezeichneten Erdkugel. 1860.

und zuletzt östlich der Küste von *Mexico* stets parallel laufend.

Die gröfste Länge des *Golfs* von *Mexico* ist 250, die gröfste Breite 170 geogr. Meilen.

Durch die Strafse von *Florida* fliefst der sogenannte *Golfstrom* aus, und verläfst hier die heifse Zone.

Geschwindigkeiten des *Golfstroms* in 1 Secunde:

4.6 par. Fufs in der Mitte des Stroms, nach Sabine [1]).

4.1 } par. Fufs als Maximum am Ursprung des Stroms am eng-
4.8 } sten Theile des Golfs von *Mexico*, nach jahrelangen Beobachtungen von Capt. Rowett [2]).

Diese Geschwindigkeiten sind durchgängig geringer als die der Aequatorialströmung.

Die gröfste Tiefe der sich bewegenden Wassersäule, welche eben so wie die Geschwindigkeit sehr rasch abnimmt, beträgt nach Rowett's Messungen lange nicht 28 par. Fufs.

Dafs der Strom da, wo er sehr eingeengt ist, eine grössere Geschwindigkeit als die Aequatorialströmungen besitzt, kann nicht befremden. Unterhalb seines Ausflusses, wo er sich sehr ausbreitet, wird seine Geschwindigkeit bald geringer werden als die Geschwindigkeit des Aequatorialstroms. Aehnliche Verhältnisse zeigen die Flüsse, welche durch Seen fliefsen. Beim Einflufs in den See nimmt die Geschwindigkeit ab, beim Ausflufs, wenn sie wieder eingeengt werden, zu.

Von der Strafse von *Florida* fliefst der Strom eine Strecke weit an der Küste der *Vereinigten Staaten Nordamericas*. Hierauf wendet er sich ostwärts, gelangt nach einer südlichen Biegung in die Nähe der *Azoren*, und führt, vom Nordwestwind begünstigt, Palmenfrüchte der *Antillen* nach *Irland* oder nach den *Hebriden* oder nach den Küsten von *Norwegen* [3]).

Ehe er sich nach Süden wendet, trennt sich ein mit dem Namen „*Nordöstlicher Ausflufs des Golfstroms*“, bezeichneter Arm ab, der sich, die *Fär Öer* berührend, in der Richtung nach *Spitzbergen* fortzieht.

Im *grofsen Ocean* beginnt der Aequatorialstrom an der westlichen Küste von *Mexico* in 20° N. Br., und zieht sich,

1) Neu-Gehler. Bd. VI. S. 1701.

2) The Mechanics' Magazine 1866. Bd. 85. S. 100.

3) v. Humboldt in Poggendorff's Ann. B. XI. S. 25.

fast in gleicher Breite bleibend, bis zur Insel *Pekan* an der *chinesischen* Küste fort, wo er sich nach Norden wendet, und nach Umbiegung der *japanesischen* Ostküste (als *japanischer Strom*) in 40° N. Br. verliert. Es scheint indeſs ein Hapttheil dieses Stromes unter dem Namen *Kamtschatka-Strom* bis in die *Behrings-Straſse* sich fortzuziehen und im dortigen *Eismeer* losreiſsend auf das während des Winters gebildete Eis zu wirken. Er ist insofern mit dem *Golfstrom* in Parallele zu stellen.

Wenn, wie kaum bezweifelt werden kann, die Axenrotation die Hauptursache der Aequatorialströmung ist: so muſs mit zunehmender Tiefe ihre Geschwindigkeit abnehmen und endlich unmerklich werden. Der Aequatorialstrom am *Cap der guten Hoffnung* zieht sich wenigstens bis zu der Tiefe von 2763 Fuſs hinab.

Auſserhalb der Aequatorialzone, wo die Rotation nicht mehr Meeresströmungen bewirken kann, ist es nur noch die in dieser Zone erlangte Endgeschwindigkeit, welche die Strömung fortsetzt. Nur eine einzige Messung der Tiefe der sich bewegenden Wassersäule liegt vor, die von Rowett. Man kann sich aber in der That der Zweifel nicht entheben, daſs diese Tiefe noch lange nicht 28 Fuſs betragen soll. Wie wäre es möglich, daſs eine so geringe Strömung sich im *grossen Atlantischen Ocean* ausbreiten könnte, ohne gänzlich zu verschwinden?

Der Aequatorialstrom ist die Mutter aller anderen Meeresströme mit Ausnahme der Strömungen aus und in Binnenmeeren. Wasser wird ununterbrochen fort in die Meere der höheren Breiten geführt. Ein Rücklauf ist daher eine Nothwendigkeit: es sind die Polarströme, welche diesen Dienst leisten.

§. 7. Ablenkung der Aequatorialströme von der Aequatorialzone.

Wäre die ganze Aequatorialzone mit Meer bedeckt: so würde der Aequatorialstrom stets innerhalb dieser Zone bleiben, und dasselbe Wasser würde immerfort circuliren. Da aber dieser Strom zweimal, durch *America* und *Africa*, unterbrochen und gezwungen wird, seitwärts abzuflieſsen: so muſs er auch an den Ufern, wo er nach seiner Unterbrechung wieder beginnt, von beiden Seiten her Zuflüsse erhalten.

In Beziehung auf das seitliche Abfliefsen der Aequatorialströme verhalten sich die beiden Halbkugeln sehr verschieden. Vom Aequator liegt die Südspitze *Africa's* 34, das Nordende *Europa's* 71 Breitengrade ab. Ebenso liegt vom Aequator die Südspitze *America's* 56, das Nordende ungefähr 76 Breitengrade ab. Endlich ist das Südende *Neu-Holland's* 40 Breitengrade vom Aequator entfernt.

Wenn daher in der südlichen Erdhälfte die seitwärts abfliefsenden Aequatorialströme 34° bis 56° S. Br. erreicht haben: so finden sie kein festes Land mehr, an dessen Küsten sie ihren Lauf fortsetzen könnten, sondern zerstreuen sich im *grofsen Weltmeer*, ohne dessen Temperatur merklich zu erhöhen. Den Küsten des sehr wenig bekannten, bis zum 62 Grade S. Br. sich herabziehenden *Antarctischen Continents* fliefsen daher keine erwärmten Wasser, wie denen des westlichen *Europa* in den höchsten Breiten, zu.

Fliefst ein Strom in einen grofsen See: so hört die Ursache des Fliefsens, das Gefälle, auf zu wirken: der Strom breitet sich unmerklich über den ganzen See aus. So verhält es sich auch mit den Aequatorialströmen. So lange sie innerhalb der heifsen Zone fliefsen, wirkt die Ursache ihres Fliefsens, die Rotation der Erde. Wird ihnen aber durch die Küsten eines Continents der Weg versperrt, müssen sie diese Zone verlassen: so breiten sie sich im Meer aus und ihr Fliefsen wird unmerklich.

Da die durchschnittliche Geschwindigkeit der Aequatorialströme so gering und viel geringer als die der Flüsse ist (z. B. nur 0,4 von der Geschwindigkeit der *Donau* und 0,3 von der des *Amazonenstroms*): so können die Aequatorialströme ihren Lauf in das ruhige Meer hinein nicht so weit fortsetzen als genannte Flüsse.

Kein Welttheil zeigt ein so günstiges Verhältnifs, die Richtung der Aequatorialströme so zu ändern, dafs die warmen Wasser theils nach Nord, theils nach Süd höheren Breiten zugeführt werden, wie *America*.

Das Wasser, welches aus der Aequatorialzone in die gemäfsigte und kalte strömt, wird durch die Polarströme, welche gleichsam die Quellen der Aequatorialströme sind, wieder ersetzt.

§. 8. Wirkungen der Meeresströmungen.

Die Meeresströmungen sind von grofser Wichtigkeit für den Haushalt der Natur. Sie wirken ausgleichend auf die durch die geographischen Breiten bedingten höchst ungleichen Temperaturen der Erdoberfläche. Die Aequatorialströme führen warmes Wasser der Meere von den niederen Breiten den Meeren in höheren Breiten zu. Wäre dies nicht der Fall: so würde die Temperatur jener Meere weit über 22° und damit die Verdunstung des Wassers ungewöhnlich steigen, die Temperatur der Polarmeere würde dagegen immerfort abnehmen, und alles Wasser zum Gefrieren und nimmermehr zum Aufthauen kommen. Diese Nachtheile würden sich auch auf die Küstenländer ausdehnen, da deren Temperaturen durch die des benachbarten Meeres modificirt werden. Die Küsten von *Norwegen, Grofsbritannien* u. s. w. verdanken ihr im Verhältnifs zur geographischen Breite mildes Klima dem warmen Golfstrom. An Orten, wo solche warme Ströme fehlen, zeigen sich auch bei Vergleichung ihrer mittleren Temperaturen mit denen anderer Orte, welche in gleichen Breiten liegen, aber der Wirkung warmer Ströme ausgesetzt sind, bedeutende Differenzen. Am auffallendsten finden sie sich in Sibirien, wie die folgenden Beispiele darthun.

	Nördl. Breite.	Entfernung vom Meer.	Höhe über d. Meer.	Mittl. Temp.
I. Irkutzk .	52° 17′	320 geogr. M. vom Eismeer.	1260 F.	— 0°,5
II. Swansea .	51° 36′	im Canal von Bristol.	wenig über d. Meer.	+ 9°,6
III. Jakutzk .	62°	130 geogr. M. vom Eismeer.	270 F.	— 8°,7
IV. Bergen .	60° 24′	an der Nordsee.	wenig über d. Meer.	+ 6°,6
V. Drontheim	63° 25′	» » »	wenig über d. Meer.	+ 4°,3

Die Temperatur-Differenz zwischen I. und II. ist 10°,1, wovon jedoch wegen der hohen Lage etwa 2° abzuziehen sind. Die Temperatur-Differenz zwischen III. und IV. ist 15°,3 und zwischen III. und V. 13°.

Würde durch Hebungen der Meeresgrund der *Ost-* und *Nordsee* trocken gelegt, zöge sich daher das feste Land von *Sibirien* bis *Grofsbritannien* ununterbrochen fort: so würden die mittleren Temperaturen von *Bergen* und *Drontheim* gewifs bis zu denen von *Irkutzk* und *Jakutzk* herabsinken.

Auffallend ist die durch den *Golfstrom* bedingte wärmere Temperatur der Nordseeküsten im Gegensatz zu den unter gleicher Breite gelegenen Ostseeküsten, wie folgende Angaben erweisen [1]).

	Geogr. Breite.	Mittl. Jahrestemp. in R. Graden.
Westküste Skandinaviens.		
I. Göteborg	57° 41′	6,3
II. Bergen	60° 24′	6,6
III. Drontheim	63° 25′	4,3
Ost- und Westküste der Ostsee.		
IV. Stockholm	59° 21′	4,5
V. Upsala.	59° 52′	4.1
VI. Petersburg	59′ 56′	2,7
VII. Helsingfors	60° 10′	2.9
VIII. Abo	60° 27′	3,7
IX. Hernösand	62° 38′	1,8
X. Umea	63° 50′	1,7
XI. Uleaborg	65° 3′	— 0,5
Südküste der Ostsee.		
XII. Danzig	54° 21′	6,1
XIII. Königsberg	54° 43′	5,6
XIV. Memel	55° 44′	5,2
XV. Riga	56° 57′	4,9
Küsten Grofsbritanniens.		
XVI. Falmouth	50° 9′	8,1
XVII. Plymouth	50° 22′	8,9
XVIII. Bristol	51° 27′	8,7
XIX. London	51° 31′	7,3
XX. Swansea	51° 36′	9,6
XXI. Dublin	53° 23′	8,0
XXII. Liverpool	53° 25′	9,4
XXIII. Edinburg	55° 57′	6,5
XXIV. Aberdeen	57° 9′	7,6
XXV. Wick	58° 29′	6,6
Far-Öer, Island.		
XXVI. Thorshavn	62° 2′	6,0
XXVII. Reykiavik	64° 8′	3.1
XXVIII. Eyafiördur	65° 40′	0,1

[1]) Vgl. v. Klöden's Handb. d. Erdkunde, Th. I. S. 937 ff.

Kapitel II.

Eisberge.

§. 9. Eismassen im atlantischen Ocean.

Zwischen *Irland* und *Newfoundland* kennen wir zwei Meeresströmungen: den Golf- und einen Polarstrom. Jener führt das im *Golf von Mexico* erwärmte Meerwasser nach Norden, dieser führt grofse Eismassen von Norden nach Süden.

Bekannt ist, dafs zur Sommerzeit grofse Massen Eis von den Küsten von *Grönland*, *Spitzbergen* u. s. w. losgerissen, und als mehr oder weniger hohe Eisberge nach Süden und sogar bis zur heifsen Zone getrieben werden. Sie ragen Hunderte von Fufsen über das Meer hervor. Selbst in niederen Breiten sollen Eisberge beobachtet worden sein, welche sich 400 Fufs über den Meeresspiegel erhoben. Erwägt man, dafs sie während ihrer langen Reise vom Polarmeer bis zur heifsen Zone schon viel von ihrer Höhe durch Abschmelzen eingebüfst haben: so müssen sie dort noch viel höher gewesen sein.

1817 fanden fast alle von den *Antillen* und von *Nord-America* nach *England* oder umgekehrt segelnden Schiffe schwimmendes Eis von ungeheurem Umfang an Stellen, wo sonst Niemand Treibeis traf. Ein von *Boston* kommendes Schiff fand in der Nähe von *Neufoundland* eine einem niedrigen flachen Eilande gleichende Eismasse von solcher Gröfse, dafs es 3 Tage brauchte, um sich von der Eisinsel loszureifsen. Kapitain V i v i a n traf am 28. März 1817 unter 41° 50′ Br. und 50 bis 53° westl. L., nachdem ein den ganzen vorhergehenden Tag wehender äufserst kalter Nordwind ihn auf die Annäherung an Eis schliefsen liefs, schwimmende Eisinseln von 16 Stunden Ausdehnung, von denen einige 200 bis 250 Fuſs hoch über der Wasserfläche herausragten.

Im Frühjahr 1841 begegneten in dem *Atlantischen Ocean* mehreren Schiffen Massen Eis in beträchtlicher Quantität. In 44°,5 n. Br. und 49°,5 westl. Länge zählte man gegen 55 Eismassen, wovon der gröſste Theil einen Umfang von 2000 und eine Höhe von 400 Fuſs engl. hatte. — Hosken, Kapitain des Dampfschiffes Great-Western, hatte den 18.—19. April südöstlich von der Bank von *Terra nova* zwischen 42°—43° nördl. Br. und 48° 50′ und 40° 50′ westl. Länge von *Greenwich* mit einer Masse Eis zu kämpfen, welche eine Ausdehnung von mehr als 100 Meilen hatte (plus de 100 milles d'étendue). Das ganze compacte Eisfeld war von isolirten Eisblöcken und Eisbergen umgeben, zwischen welchen das Dampfschiff einen gekrümmten Lauf nehmen muſste. Viele dieser Massen erhoben sich 70 bis 100 Fuſs über dem Wasser; die gröſste hatte 3/4 Meile Länge. Man sah gleichzeitig mehr als 300 solcher Eisberge. Das compacte Eisfeld hatte eine Dicke von 2 bis 4½ F. und erhob sich 3/4 bis 1 F. über das Wasser. In der Nähe dieser Massen sank die Temperatur bis auf 5°,8 R., während die der Luft 7°,1 war. — Gegen Ende Juni näherte sich die Britannia in 46° 55′ n. Br. und 47° 50′ Länge von *Greenwich* einer Eismasse von 275 bis 300 F. Höhe. Vor einigen Jahren begegnete Mitte December eine Brigg 32° n. Br. einer Eisinsel, die wie ein vulkanischer Kegel erschien und ein norwegisches Schiff eingeschlossen hielt. Im Sommer 1818 fand sich ein schwimmender Eisberg an der Küste von *Cuba*, 22° n. Br.

Aehnlichen Blöcke in ähnlichen Breiten begegneten Schiffen 1822, 1827, 1829.

Couthouy schlieſst aus seinen verschiedenen Beobachtungen, daſs man ihnen vorzugsweise zwischen 36° und 42° n. Br. begegne.

Im November 1825, nicht weit von der Mündung des *Rio de la Plata*, 35° s. Br. und 45° w. L. erblickte man eine groſse Zahl schwimmender Eismassen, wovon einige eine enorme Gröſse hatten. Wirft man einen Blick auf die Karte, so sieht man, wie weit diese Massen von ihrem Ursprunge durch die Winde und Strömungen fortgetrieben worden waren. Im August 1827 sah Couthouy in 46° 30′ n. Br. und 48° w. L. eine ungeheure Eisinsel über einer Meerestiefe von ungefähr 80 bis 90 Klafter stranden. Das Krachen des Eises und das Reiben desselben auf dem Meeresgrunde war so stark, dafs man es mindestens 10 bis 12 Meilen weit genau hören konnte (?). Die Höhe dieser Masse schätzte er auf ungefähr 60 F. und seine Länge auf 1200 Fufs. Das Wasser bis zu einem Umkreise von mehr als einer Meile war mit Schlamm und Sand beladen. 1831 den 17. August sah er in 36° 20′ n. Br. und in 67° 45′ w. L. gegen die südliche Extremität des *Golfstroms* mehrere kleine schwimmende Eisschollen so nahe an einander, dafs sie die Fragmente einer beträchtlicheren, durch den sehr warmen Westwind, welcher seit mehreren Tagen ununterbrochen herrschte, zerstörten Masse zu sein schienen. Am 4. März 1841 bemerkte Couthouy in dem *stillen Meere* einen Block von 280 bis 300 Fufs Höhe und einem Durchmesser bis zu $^{2}/_{3}$ Meile. Ein starker Westwind, der heftig an seine Flanken schlug, verursachte wahre Wasserströme auf seiner Oberfläche, die von allen Seiten herabstürzten. Die merkwürdigste Erscheinung war die schnelle Bewegung dieser Masse um ihre verticale Achse, so dafs sie nicht zwei Minuten lang denselben Anblick hatte.

Alle diese schwimmenden Eismassen waren stets mehr oder weniger mit Felsblöcken und Fragmenten verschiedener Gröfse von Erde und Schlamm beladen, die sie durch jene Bewegung um ihre Achse nach und nach von sich schleuderten, so dafs das Wasser bis zu manchmal bedeutenden Entfernungen mehr oder weniger schlammig war.

Bei dem Transporte dieser Eismassen bis zu grofsen Entfernungen von ihrem Ursprunge ist ihre Conservation während eines so langen Aufenthalts in dem erwärmten Wasser merkwürdig. Diese Conservation wird durch die bedeutende Abkühlung des umgebenden Wassers und der Luft während ihres Schmelzens begünstigt. So fand man bis zu mehr als 7 Meilen um die Eismassen herum das Wasser 5° bis 6°,6 kälter, als die mittlere Temperatur des Meeres.

Alle in *Liverpool* von *New-York* und andern Häfen der *Vereinigten Staaten* und *Canada* im Frühjahr 1867 eingetroffenen Schiffe berichteten über noch nie dagewesene Mengen Eis mitten im *Ocean* in ungefähr 44° n. Br. und 53° w. L. Ein Schiff mufste beinahe 200 Meilen in südlicher Richtung an einem förmlichen Eis-Continente vorbeisegeln, während ihm andere Eisberge von ungeheurer Gröfse begegneten, die sich alle viel mehr südlich befanden, als in dieser Jahreszeit gewöhnlich der Fall ist [1]).

Damit stimmen auch Zeitungsnachrichten vom 9. April 1867 überein. Sie berichten nämlich, dafs alle aus *Nordamerica* in den letzten Wochen herübergekommenen Schiffe von ungeheuren Eisbergen erzählen, welche ungewöhnlich weit nach Süden hinabgetrieben wurden. Unter 44° nördl. Breite und 53° westlicher Länge *(Greenw.)* fand sich ein förmlicher Continent von Eis. Man brachte damit die stürmische und regnerische Witterung in den vorhergegangenen Monaten in Verbindung.

Die Eisfelder bei *Spitzbergen* treiben beständig südwestwärts, selbst bei Windstille. Man hat sie oft in Monatsfrist 100 Seemeilen weit in dieser Richtung fortschwimmen sehen, obgleich der Wind in ganz verschiedenen Richtungen blies [2]). In der *Davisstrafse*, in welcher Eisberge in aufserordentlicher Menge vorhanden sind, treiben sie stets nach Süden; sie sind bis 40° n. Br. über 2100 Seemeilen von dem Orte ihrer Entstehung herabgekommen.

Das Schmelzen der Eisberge beginnt selbstredend, wenn sie auf ihrer Reise nach niederen Breiten in Regionen kommen, wo die Temperatur über Null ist.

§. 10. Detritus auf Eisbergen.

Seefahrer haben Eisberge mit Steinen und Detritus beladen beobachtet (vgl. §. 9). Lucas Fox sah auf seiner Reise nach der *Hudsons Bay* 1631 auf einem Eisberg einen

[1]) The Mechanics' Magazine 1867, April, S. 232.

[2]) Solche im Wasser schwimmenden Körper können nur durch Wind oder durch fliefsendes Wasser bewegt werden. Sind aber Massen von so ungeheurem dynamischen Moment wie die Eisberge durch Wind einmal in Bewegung gesetzt worden: so ist klar, dafs sie nach dem sog. Trägheitsgesetz lange noch in Bewegung bleiben, wenn auch die bewegende Kraft eine Zeit lang aufhört.

Felsblock, dessen Gewicht er auf 120 Centner schätzte. Auch Weddell fand in 68° s. Br. eine Eisinsel, welche zum Theil mit einer schwarzen Erde bedeckt war, so dafs man sie anfänglich für einen Felsen hielt[1]). Da solche Beobachtungen, wenn die Eisberge Hunderte von Fufsen hervorragen, nur selten gemacht werden können, und gewifs die geringste Zahl den Seefahrern begegnet: so mögen wohl die mit Detritus beladenen Eisberge keine seltene Erscheinung sein.

Wo solche Eisberge zum gänzlichen Schmelzen kommen, da sinkt der bis dahin getragene Detritus nieder. Die kleinern Eisberge kommen früher, die gröfsern später zum Schmelzen.

Sehr wahrscheinlich ist, dafs Eisberge, welche Geschiebe tragen, nur von den ungeheuren Gletschern, die an den Küsten *Grönlands* in grofser Zahl bis in das Meer sich fortziehen, herrühren. Wer die bedeutenden Moränen am Fufse der Gletscher in den Alpen gesehen hat, der kann begreifen, welche enorme Menge von Geschieben durch jene Gletscher theils in das Meer fallen, theils auf schwimmenden Eisbergen fortgeführt werden müssen.

Das Treibeis an der grönländischen Küste soll manchmal eine Fläche von 10,000 geographischen Quadratmeilen bedecken.

Auf der Telegraphenlinie zwischen *Irland* und *America* fand man in 50° Breite und zwischen 29 und 33° westlicher Länge Geschiebe. Kann nicht gedacht werden, dafs es mit Geschieben beladene Eisberge waren, von denen dieselben herrühren, und dafs sie zwischen jenen Längegraden und bis zu höheren und niederen Breiten als 50° ein Lager bildeten?

Ob sich ein solches Lager nach niederen Breiten fortzieht, würde sich ergeben, wenn auf der im Werden begriffenen Telegraphenlinie von *Frankreich* nach *America* gleiche Verhältnisse durch Peilungen gefunden werden sollten.

Die Ansicht, dafs jene Geschiebe durch Eisberge auf ihre Lagerstätte geführt wurden, ist gewifs wahrscheinlicher, als die, dafs der Polarstrom sie auf dem Meeresboden von

[1]) Neu-Gehler. Bd. III. S. 148.

der Polarzone bis 50° Breite fortgeschoben habe; denn, wenn auch dort der Polarstrom bis zum Meeresboden reicht, so ist keineswegs zu erwarten, dafs er in der Telegraphenlinie, wo die Tiefe des Meer 0,589 geogr. Meilen ist, denselben erreichen werde.

§. 11. Erosion durch Eisberge.

Kann in den Polarzonen ein Eisberg, der sich bis zum Meeresboden hinabzieht, erodirend wirken, wenn er durch den Polarstrom fortgeschoben wird? Bekannt ist, dafs die Gletscher bei ihrem Fortrücken eine Erosion des Nebengesteins hervorbringen. Es ist wohl nicht das Eis, sondern das Gerölle zwischen dem Gletscher und dem Nebengestein, welches wirkt. Dasselbe wird stattfinden, wenn Gerölle auf dem Meeresboden liegt, welches von dem Eisberg fortgeschoben wird. Die erodirende Kraft eines solchen Berges müfste eine ungeheure sein.

Die Erosion des Meeresbodens durch Eisberge findet in viel höherem Grade als unter den Gletschern statt; denn die Eismassen im Meere sind ungleich mächtiger als die der Gletscher, und die Bewegung jener durch die Polarströmungen erfolgt viel schneller als das Fortrücken dieser.

Die Erosion des Meeresboden hört auf, wenn die Tiefe des Meeres zunimmt, und der Eisberg durch oberflächliches Abschmelzen immer mehr in die Höhe steigt. Jene Zunahme und dieses Abschmelzen werden aber bedingt durch das Strömen des Eisberges nach niederen Breiten.

Kommt dagegen der Eisberg in die Nähe von Inseln oder Seeküsten, wo die Meerestiefen abnehmen: so beginnt wieder die Erosion.

In Beziehung auf Erosion gewinnt die Bildung der Eisberge im Polarmeer und ihre Fortführung in niedere Breiten immer mehr an Bedeutung, wenn man erwägt, dafs Rofs am 10. Juni 1818 in der *Baffinsbay* in 70° n. Br. nur auf der einen Seite des Horizont an 700 Eisberge, dafs Cook am 23. December 1773 im *Südlichen Eismeer* 186 Eismassen zählte, und dafs die Brigg Anna am 19. Januar 1818 bei ihrer Abfahrt von *Newfoundland* in 47° n. Br. so von Treibeis umgeben war, dafs selbst von der Spitze des Mastes keine Oeffnung zu erblicken war. Diese Brigg trieb

15 Tage lang mit dem Eis in südöstlicher Richtung und erst in 44° 37′ n. Br. fand sich eine einzige Oeffnung in der unabsehbaren Eismasse, durch die man der 29tägigen gefahrvollen Gefangenschaft entrinnen konnte [1]).

§. 12. Detritus auf und unter dem Treibeis der Flüsse.

Aehnlich den mit Detritus beladenen Eisbergen ist das Treibeis der Flüsse, welches manchmal Geschiebe und Sand enthält. Beim Gefrieren des Wassers auf dem Flufsboden werden Geschiebe vom Eis eingeschlossen und steigen mit ihm auf, wenn die Schollen so dick geworden sind, dafs sie die Einschlüsse zu tragen vermögen. Zur Zeit, wo die Eisbildung in den Flüssen im vollen Gange ist, kann man deutlich wahrnehmen, wie kleinere Schollen gedrängt durch gröfsere sich umdrehen und dann die Einschlüsse sichtbar werden.

Wir kommen demnach zu dem Schlusse, dafs dem Meer durch die Eisschollen der Flüsse Geschiebe zugeführt werden müssen, welche nach dem Schmelzen des Eises auf den Meeresboden fallen.

Auch das Saumeis, welches sich an den Ufern der Flüsse ansetzt, und sich so weit in dieselben hineinzieht, als nicht die Strömung hindernd wirkt, kann dem Meer Geschiebe zuführen. Tritt anhaltendes Frostwetter ein: so sinkt der Wasserspiegel. Nimmt die Dicke der Eisdecke von oben nach unten zu: so erreicht das Eis endlich den mit Geschieben bedeckten Boden. Wie das Treibeis: so schliefst auch das Saumeis mehr oder weniger von diesen Geschieben ein.

In grofsen Flüssen, wie im *Rhein*, erreicht dieses Saumeis bei anhaltendem Frostwetter eine bedeutende Ausdehnung nach der Länge und Breite. Tritt Thauwetter ein: so reifst es sich los und kommt zum Treiben. Es ist klar, dafs unter jenen Bedingungen nach einem lange anhaltenden strengen Winter bedeutende Massen von Geschieben dem Meere zugeführt werden müssen.

Mit zunehmender geographischer Breite nimmt die Eis-

[1]) Neu-Gehler. Bd. III. S. 146 und 147.

bildung in den Flüssen mithin auch der Transport der Geschiebe in das Meer zu.

Wenn wie in den Flüssen, so auch in hohen Breiten auf einem mit Geschieben bedeckten Meeresboden Grundeis gebildet wird, welches sie einschliefst, wenn ferner dieses Eis wie die Eisberge durch Polarströme nach niederen Breiten geführt wird: so gelangen dahin auch die eingeschlossenen Geschiebe und bleiben nach dem Schmelzen des Eises gleich denen, welche von den Eisbergen getragen werden, auf dem Meeresboden zurück.

Kapitel III.

Polareis.

§. 13. Entstehung des Polareises.

Die Erkaltung unserer Erde mufste so lange fortschreiten, bis die Wärme, welche sie durch Strahlung verliert, mit der, welche sie von der Sonne empfängt, ins Gleichgewicht kam. Nach allen hierüber angestellten Forschungen ist dieses Gleichgewicht schon in vorhistorischen Zeiten eingetreten. Daher kann das Eis in den Polarzonen keine ursprüngliche Bildung sein. Es entstand erst, als die Temperatur des Meeres in der Nähe der Pole bis zum Gefrierpunct gesunken war.

Die Eisbildung begann in den Polarländern. Wie jetzt noch an den Küsten von *Spitzbergen*, von *Nowaja Semlja* zur Winterzeit Eisfelder entstehen und im Sommer von Zeit zu Zeit in niedere Breiten treiben, so auch damals. Sind am Nordpol keine Inseln, entstanden die Eisfelder im offenen Meer: so wurden sie um so leichter und schon während des Winters nach Süden getrieben. In Folge fortwährender Abkühlung der Erde nahm die Eisbildung immer mehr zu, die Eisfelder erhoben sich fortwährend über das Meer, in welchem sie schwammen. Zum Feststehen konnten sie, wie sich von selbst versteht, nur kommen, wenn ihrer Bewegung Hindernisse entgegentraten.

Was bei den Flüssen im Kleinen vor sich geht, das fand im *Polarmeer* im gröfsten Mafsstabe statt. Wie wenn in den Flüssen die Eisschollen an einer Stelle zum Stehen gekommen sind, daran das nachfolgende Treibeis sich reiht, und bei anhaltendem Frostwetter durch Zufrieren der noch offenen Stellen die Eisdecke meilenweit stromaufwärts wächst: so mufsten auch die nach Süden treibenden Eisberge im *Polarmeer*, wenn sie an irgend einer Stelle an den Ufern von Inseln oder in Meerengen zum Stehen gekommen waren, und Eisberge sich fortwährend anschoben, nach dem Pol hin wachsen, und selbstredend ungleich schneller als in den Flüssen.

Selbst da im *Polarmeer*, wo keine Inseln, aber Untiefen vorhanden sind, konnten die Eisberge zum Stehen kommen. Ein in Bewegung begriffener Eisberg, der etwa 300 Fufs in das Meer hinabreichte, kam da zur Ruhe, wo das Meer diese Tiefe nicht mehr hatte. Er strandete wie ein Schiff auf einer Untiefe.

Die von Inseln festgehaltenen Eisberge stiegen selbstredend an denselben so lange in die Höhe, als die Eisbildung unter ihnen selbst anhielt. Die Höhendifferenzen zwischen jenen Inseln und den angeschlossenen Eisbergen wurden also immer geringer.

Durch dieses Anschliefsen vergröfserten sich die Inseln und versperrten den nach Süden treibenden Eisbergen immer mehr ihren Weg. So konnte eine kleine Insel der Mittelpunct eines weit ausgedehnten Feldes von perennirendem Eise werden. Vergröfserten sich benachbarte Inseln auf gleiche Weise: so konnten die treibenden Eisinseln kaum mehr einen Ausweg finden. Der Zeitpunct, wo das ganze *Polarmeer* bis dahin mit Eis bedeckt wurde, wo die Sommer-Temperatur anfing über Null sich zu erheben, rückte immer näher und wurde endlich erreicht.

Das fortdauernde Gefrieren des Meerwassers unter einem Eisberg und bis zum Meeresboden setzt voraus, dafs das ausgeschiedene concentrirte Meerwasser, welches wegen seines gröfseren specifischen Gewichtes niedersinkt, mit dem Meerwasser aufserhalb des Eisberges sich mischt und dadurch verdünnt wird.

Auf eigenthümliche Verhältnisse kommen wir, wenn diese Processe in tiefen Mulden im Meeresboden von Statten gegangen waren. Hatten sich nämlich Eisberge, welche über den Rändern der Mulden schwammen, durch fortgesetzte Eisbildung soweit nach unten vergröfsert, dafs sie den Meeresboden erreichten, wurde dadurch die Communication des Meerwassers in den Mulden mit dem aufserhalb derselben aufgehoben: so mufste die Eisbildung unter den in den Mulden schwimmenden Eisbergen aufhören, nachdem das eingeschlossene Meerwasser in Eis und concentrirtes Meerwasser vollständig zerlegt worden war.

Bei einer Temperatur von — 8 bis — 12° R. kann man bekanntlich eine gesättigte Kochsalzlösung zum Krystallisiren in sechsseitigen Tafeln bringen, welche nach Fuchs 61,69, nach Mitscherlich aber nur 38,2 % Krystallwasser enthalten. Da eine gesättigte Kochsalzlösung 73 % Wasser enthält: so geht nach Fuchs der gröfsere Theil dieses Wasser, nach Mitscherlich ein geringerer als Krystallwasser in das Salz über. Es fragt sich nun, ob beim Gefrieren eines eingeschlossenen Meerwassers eine gesättigte Salzlösung ausgeschieden wird. Ist dies so, hat das gefrierende Meerwasser eine Temperatur von — 8 bis — 12° R.: so ist es, wenn die das Kochsalz im Meerwasser begleitenden Salze nicht hindernd wirken, unzweifelhaft, dafs ein solcher Procefs im Meer wirklich stattgefunden hat, und vielleicht noch stattfindet. Eine ganz eigenthümliche Steinsalzbildung eines wasserhaltigen Kochsalzes auf dem Boden eingeschlossener Meere gehört daher zu den möglichen Dingen.

§. 14. Lage und Veränderungen des Polareises.

Hierüber sagt Scoresby Folgendes. Im Ganzen bleibt die Masse des Polareises, welches sich von *Grönland* nach dem europäischen *Rufsland* zieht, dieselbe, verändert sie sich gleich an einzelnen Stellen und nach den Jahreszeiten. Nur an der Ostseite von *Alt-Grönland* scheint sie eine merkwürdige Veränderung in Ausdehnung und Grenzen erlitten zu haben. Vor dem 15. Jahrhundert war diese Küste von *Staten-Hük*, der südlichsten Spitze, bis an den Parallelkreis von *Island* im Sommer den Schiffen zugänglich, und vor länger als 40 Jahren fand Handelsverkehr zwischen diesem Theil, *Island* und *Norwegen* statt. Plötzlich aber, wie es scheint, rückte das Polareis vor und legte sich an der Küste bis zur südlichen Spitze an, so dafs sie seit dieser Zeit unzugänglich ist.

Die jetzige Grenze des Polareises während der Winterzeit ist folgende. Von dem südlichsten Vorgebirge *Grön-*

lands zieht sich die Eislinie in nordöstlicher Richtung längs der Küste, umklammert den nördlichen Theil *Islands*, geht unter der Insel *Jan-Mayen* (71° Br. und $5^1/_2$° westl. L. von *Greenwich*) fort, durchschneidet den Meridian von *Greenwich* zwischen 71° und 72° Br. und wendet sich dann plötzlich nach Norden in 73 bis 74° Br. und 6 bis 10° östl. L. In dieser Richtung geht sie unter einerlei Meridian im Sommer bis 80° Breite, im Winter aber nur bis etwa 74° Br. fort, und macht in letzterer Jahreszeit hier eine grofse, fast halbkreisförmige Biegung, die bis 77° Br. hinaufreicht, und in südöstlicher Richtung unter der Bären-Insel *(Cherry-Island)* weggeht. Durch diese Biegung wird die *Eisbucht der Walfischer* gebildet, von der die Eisgrenze in der Richtung Ost gegen Südost bis an die Küsten von *Sibirien* oder von *Nowaja Semlja* geht.

Bei dem Eis-Vorgebirge, wo die Eisgrenze sich plötzlich nach Norden wendet, ist die Scheidungslinie zwischen dem östlichen oder Walfischerei-Eise und westlichen oder lockern Treibeise der Fischer; und die tiefe hier befindliche Eisbucht ist der einzige Ort, wo man zu den hohen nördlichen Breiten, in denen sich die Walfische aufhalten, durch das Eis hindurchzudringen vermag. Wenn das diese Bucht begrenzende Eis so dicht und stark ist, dafs man nicht zu den Küsten von *Spitzbergen* und nicht viel über 75° und 76° Br. hinaufgelangen kann: so sagt man, es sei eine geschlossene Jahreszeit. In offener Jahreszeit läfst sich dagegen zu Schiff ungehindert die Westküste von *Spitzbergen*, und der nordwestlichste Punct derselben, *Hackluyts Headland*, erreichen. In dieser offenen Jahreszeit trennt ein 20 bis 50 Stunden breiter Meeresarm *Spitzbergen* bis 79 oder 80° Br. hinauf von dem Alt-Grönländischen Eis, welches sich erst in jener hohen Breite nach *Spitzbergen* hinüberzieht und an das Nordwestende von *Spitzbergen* anlegt.

Ist die offene Jahreszeit zu Ende: so findet sich das Polareis wieder im Süden von *Spitzbergen* ein, und nimmt die vorhin beschriebene Lage an. Stürme und Strömung verändern die Grenze des festen Eises hier und da ein wenig; auch läuft sie nicht in gerader Linie fort, sondern hat Buchten und Fjorde, die sich bis auf mehrere Meilen in die Eismasse hineinziehen, und keine bleibende Gestalt und Lage haben, die grofse vorhin beschriebene *Walfischers-Bucht* ausgenommen, in welcher die Grönlandfahrer stets ihren Durchgang zu der Station des Fischens zu erzwingen suchen.

§. 15. Verhältnisse bei der Bildung des Polareises.

Angenommen, das Meereis sei ganz salzfrei, und die ausgeschiedene Salzlösung enthalte 27 % Salz: so würde, wenn man von den andern Bestandtheilen des Meerwassers absieht, und 2,5 % als mittleren Kochsalzgehalt desselben setzt, $\frac{2,5 \cdot 100}{27} = 9,26$ % gesättigte Kochsalzlösung und 90,74 % Eis entstehen.

Nach G. Karsten [1]) ist das spec. Gewicht einer Kochsalzlösung von 26,4 % Salzgehalt bei — 5°,6 gleich 1,211854. Dies ist also sehr nahe das spec. Gewicht jener Kochsalzlösung von 27 %. Berechnet man danach das Volumen jener gesättigten Lösung, indem man das absolute Gewicht durch das specifische dividirt: so erhält man $\frac{9,26}{1,211854} = 7,64$.

Das spec. Gewicht des Eises ist 0,95. Berechnet man daraus das Volumen jener Eismenge: so erhält man $\frac{90,7}{0,95} = 95,5$. Das ganze Volumen des Eis und der gesättigten Kochsalzlösung ist daher 95,5 + 7,64 = 103,14. Berechnet man ferner das Volumen eines Meerwassers, dessen absolutes Gewicht gleich 100 und dessen spec. Gewicht bei — 4°,4 = 1,000856: so ist $\frac{100}{1,000856} = 99,99$. Wenn ein solches Meerwasser, welches das Maximum des spec. Gewichts hat, und dem Gefrieren nahe ist, beim Erstarren in Eis und eine gesättigte Kochsalzlösung zerfällt: so würde das Volumen im Verhältnifs von 99,99 : 103,14 = 100 : 103,36 zunehmen. Käme daher eine Meerwassersäule in einem 3600 Fufs tiefen Meer zum völligen Gefrieren: so würde sie unter den angenommenen Bedingungen eine Höhe von 3713 Fufs erreichen, d. h. das Eis würde 113 Fufs über den Meeresspiegel ragen. Da man Eisberge gefunden haben soll, welche 500 Fufs

---

[1]) Archiv für Mineral. u. s. w. Bd. XX. S. 246.

über das Meer ragten: so kann man jene 113 Fufs nicht für eine fabelhafte Gröfse halten [1]).

Die Eisbildung in Süfswasser-Seen haben wir vor Augen. Wir wissen ganz genau, wie sie erfolgt. Niedergehende Wasserströme treten ein, wenn im Herbst oder Winter die Temperatur der Atmosphäre sinkt. Sie dauern fort, bis die Temperatur des Wasser auf 3°,2 R. herabkommt; denn das noch weiter erkaltende Wasser wird specifisch leichter. Ist die Temperatur der Oberfläche auf 0° gesunken: so beginnt das Gefrieren, und die Eisdecke wird bei anhaltendem Frostwetter immer dicker. Je weniger tief der See ist, desto schneller sinkt die Temperatur auf 3°,2, und desto früher tritt das Gefrieren ein. Hat der See durchaus gleiche Tiefe: so entsteht die Eisdecke gleichzeitig und gleichmäfsig auf seiner ganzen Oberfläche. Nimmt aber, wie gewöhnlich bei tiefen Seen, die Tiefe vom Ufer bis zur Mitte zu: so beginnt die Eisbildung am Ufer und schreitet nach und nach bis zur Mitte fort.

Da das spec. Gewicht des Eises = 0,95 ist: so nimmt das Volumen beim Gefrieren um 0,05 zu. Daher geschieht es, dafs die Eisdecke sich mit fortschreitender Dicke immer

---

[1]) Unsere Calculationen unterliegen Correctionen. Durch Versuche mit Polareis kann ermittelt werden, ob dasselbe wirklich ganz salzfrei ist. Möchte ein Grönlandfahrer ein Stück Polareis mit destillirtem Wasser so lange abspülen, als salpetersaures Silberoxyd noch reagirt, um anhängendes Meerwasser abzusondern, dann das Gewicht des geschmolzenen Eises bestimmen, salpetersaures Silberoxyd zusetzen und, wenn es reagirt, die Menge des präcipitirten Chlorsilber bestimmen.

Ob die beim Gefrieren des Meerwassers ausgeschiedene Salzlösung wirklich eine gesättigte ist, oder ob sie mehr oder weniger vom Sättigungspunct absteht, kann selbstredend nur ermittelt werden, wenn man Meerwasser künstlich gefrieren läfst.

Wenn, wie zu erwarten, die Salzlösung nicht gesättigt ist: so werden die obigen Zahlen 9,26 und 7,64 kleiner, und die Zahlen 90,74 und 95,5 gröfser. Da indefs das spec. Gewicht des Eises bei 0° bestimmt wurde, es aber bei — 5°,6 gröfser ist: so nimmt defshalb die Zahl 96,5 ab. Nach Heinrich (Gilberts Annal. Bd. XXVI. S. 228) zieht sich ein Eiscylinder um 0,0003064 seiner Länge zusammen, wenn die Temperatur um 10° R. abnimmt. Hieraus läfst sich jedoch die Zunahme des spec. Gewichts nicht berechnen.

mehr wölbt, und endlich spaltet, wenn sie nicht mehr nachgeben kann. Dies zeigt sich auch in dem fortrollenden Krachen, welches man hört, wenn der Frost lange anhält. Erreicht z. B. die Eisdecke eine Dicke von 12 Zoll: so würde sie um 0,26 Zoll gehoben werden, wenn sie sich vom Ufer losreifsen könnte. Da sie aber hier festgehalten wird, und das Eis sehr wenig elastisch ist: so mufs eine Spalte entstehen.

Aus diesen bekannten Verhältnissen schliefsen wir auf die weniger bekannten beim Gefrieren des Meerwassers im *Polarmeer*. Zunächst erinnern wir an den Umstand, dafs das Meerwasser das Maximum seiner Dichtigkeit vor dem Gefrieren nicht erreicht. Daher finden beim Erkalten des Meerwassers niedergehende Wasserströme bis zu seinem Gefrierpunkt statt, und das so weit erkaltete Wasser kann, wie bereits bemerkt wurde, auf dem Meeresboden, wie auf der Oberfläche gefrieren.

Denkt man sich in der Polarzone zwei gleich tiefe Seen neben einander, wovon der eine mit Süfswasser, der andere mit Meerwasser erfüllt ist: so wird, wenn in beiden das Gefrieren vollendet ist, jener bis zum Boden, dieser nur bis zur ausgeschiedenen Schicht einer gesättigten oder dem Sättigungspunkt nahen Kochsalzlösung erstarrt sein. Diese Zustände werden für immer bleiben, wenn auch während des kurzen Sommers ein Theil des oberflächlichen Eises schmilzt, im nächsten Winter aber wieder gefriert. In beiden Seen wird sich das Eis in Folge der Ausdehnung beim Gefrieren über ihre Ufer erheben, im Süfswassersee mehr, im Salzwassersee weniger, weil hier ein Wasser zurückbleibt, welches ein gröfseres spec. Gewicht als reines Wasser und noch mehr als Eis hat.

Die Buchten an der Seeküste repräsentiren solche Vertiefungen.

Nach Scoresby ist das leichte Treibeis ein jährliches Erzeugnifs der Buchten von *Spitzbergen* und der Räume zwischen altem Eis. Das schwere Treibeis rührt dagegen von zertrümmerten Eisfeldern her. Einige Eisberge nehmen ihren Ursprung von den Gletschern, welche sich bis in das Meer hinabziehen. Ein ungleich gröfserer Theil derselben scheint aber in den tiefen und gegen Winde geschützten Buchten der Ostküste von *Spitzbergen* gebildet zu werden. Die gröfsten Eisfelder entstehen in den Oeffnungen, welche im Polareis durch die beständigen Strömungen nach Süden hervorgebracht werden. So weit Scoresby.

Die in einer Bucht zwischen entgegengesetzten Uferrändern aufsteigenden Eismassen können, da diese Bewegung im Winter eine anhaltende, wenn auch langsame ist, nur wenig an den Felswänden adhäriren. Sollte auch im Sommer Regenwasser zwischen die Berührungsflächen fliefsen, welches durch das Gefrieren im Winter eine Verkittung bewirken würde: so könnte diese doch nicht der hebenden Kraft des aufsteigenden Eisberges widerstehen. Heftige Wellenbewegungen durch Orkane können die zwischen Uferränder eingeklemmten Eisberge losreifsen und zum Treiben aus den Buchten in das Meer bringen. Ist dasselbe bis zu seinem Gefrierpunct erkaltet: so schreitet die Eisbildung in den bewegten wie in den ruhenden Massen so hoch fort, als sie in das Meer eintauchen [1]). Aber auch auf der Oberfläche vergröfsern sich die Eisberge durch Eis aus schmelzendem Schnee.

Ueberall in den Buchten, wo das Meerwasser unter den Eisbergen unbeschränkt mit dem Meer communicirt, mischt sich das durch Eisbildung übrigbleibende concentrirte Wasser mit dem normalen aufserhalb der Bucht und verstärkt es. Sollte aber der Communications-Canal sehr wenig tief sein: so könnte das nach unten wachsende Eis denselben so verstopfen, dafs das ausgeschiedene concentrirte Wasser nicht mehr ausfliefsen könnte. In diesem Falle würde die Eisbildung aufhören, und der Eisberg für immer auf diesem concentrirten Wasser schwimmend bleiben.

§. 16. Welche Temperaturen mögen am Nordpol herrschen?

R. E. v. Baer stellte innerhalb der Jahre 1832 und 1835 in *Nowaja Semlja* Temperaturbeobachtungen an [2]):

---

[1]) Bekanntlich vergröfsert sich auch das im eiskalten Wasser der Flüsse schwimmende Treibeis durch Anfrieren nach unten.

[2]) Poggendorff's Annalen. B. XXXXIII. S. 336.

Ort.	Maximum.	Minimum.
Karische Pforte. . .	+ 3,1° R. im August.	— 20 . 9° im März.
Westmündung von Matotschkin Schar. .	+ 5,1° im August.	— 17,9° im Februar.

Die vorstehenden Ermittlungen bieten Anhaltepunkte dar, die mittlere Temperatur am *Nordpol* approximativ zu berechnen.

Nehmen wir an, dafs sich die Differenzen der mittleren Temperaturen der nahe in gleichen Meereshöhen gelegenen Orte in der gemäfsigten und in der Polarzone umgekehrt wie die Differenzen der geographischen Breiten dieser Orte verhalten, und dafs diese Annahme auch für die 20 Breitengrade von *Nowaja-Semlja* bis zum *Nordpol* gilt.

Es sei

T die Differenz zwischen der geogr. Br. zweier Orte,
t die Differenz zwischen den mittleren Temperaturen dieser Orte,
20° die Differenz der geogr. Br. zwischen dem *Nordpol* und *Nowaja-Semlja*,
— 7° mittlere Temperatur von *Nowaja-Semlja*,
x mittlere Temperatur am *Nordpol*:

so ist $x = \frac{t \,.\, 20}{T} + 7.$

Vergleichen wir nun die geographischen Breiten und mittleren Temperaturen nachstehender Orte mit einander:

		Differenz zw. den geogr. Breiten.	Differenz zw. der mittl. Temperat.
I.	Nowaja und Algier . . .	33°	21° R.
II.	» » Palermo . . .	32°	20°,8
III.	» » Triest . . .	24°,5	17°,6
IV.	» » Bonn	19°	15°
V.	» » Christiania . . (Norwegen)	10°	11°

Hieraus ergeben sich nach obiger Formel folgende Werthe für x:

Nach I. ist die mittlere Temperatur am Nordpol — 19°,7 R.
» II. » » » » » » — 20°
» III. » » » » » » — 21°,4
» IV. » » » » » » — 22°,8
» V. » » » » » » — 29°

Dehnen wir diese Calculationen auf folgende in höheren Breiten gelegene Orte, deren mittlere Temperaturen bekannt sind, aus: so ergeben sich für die mittleren Temperaturen am *Nordpol* die nachstehenden Werthe:

Helsingfors	—25°,4 R.
St. Petersburg	—26°.4
Stockholm	—27°.9
Upsala	—29°,2
Godthaab	—25°,3
Eyafiordur	—42°,5
Hebron	—25°,7
Drontheim	—39°,3

Abstrahiren wir von den hohen Resultaten —42°,5 und —39°,3: so fallen die übrigen zwischen —19°,7 und —29°,2. Nehmen wir das Mittel aus den elf Resultaten: so erhalten wir —24°,8. Nehmen wir endlich das Mittel aus den Resultaten I. bis V., welche, da die Beobachtungen in der Polarzone angestellt wurden, das meiste Vertrauen verdienen: so erhalten wir —22°,6. Die Differenz zwischen beiden Mitteln ist nur 2°,2. So lange kein besserer Weg eingeschlagen werden kann, die Aufgabe zu lösen, mögen diese Resultate Gültigkeit haben. Noch niedrigere Temperaturen sind kaum zu erwarten, da nicht einzusehen ist, warum zwischen *Nowaja* und dem *Nordpol* die Kälte auf einmal bedeutend zunehmen sollte.

Kapitel IV.

Bildung sedimentärer Gesteine aus schwebenden Theilen im Meere.

§. 17. Vorbemerkung.

Diese Absätze können nur da stattfinden, wo keine Strömungen in den Gewässern sind. Die schwebenden Theile, welche einem Flufs durch trübe Regenwasser zugeführt werden, kommen meist erst im Meer oder in Seen, durch die er fliefst, zum Absatz.

Auf horizontalem Boden bilden sich horizontale, auf geneigtem Boden geneigte Lager.

Es ist klar, dafs diese Absätze eine ungleiche Dicke erlangen werden, je nach der Lage des Meer- oder Seebodens. Ist der Boden horizontal: so bleiben die schwebenden Theilchen auf demselben liegen, ist er geneigt, so rutschen sie theilweise herab und desto mehr, je mehr er geneigt ist.

§. 18. Versuche, die Absätze schwebender Theile auf geneigten Flächen betreffend.

Kein geologischer Vorgang läfst sich durch Versuche leichter aufklären, als dieser sedimentäre Act. Hierzu diente der nachstehend beschriebene Apparat. Fig. 2.

I Aufrifs, *II* Grundrifs;

B ein Blechkasten;

a ein Bodenbrett;

b ein mit zwei Charnieren *c c* an *a* befestigtes Brett, welches wie eine Fallthüre beweglich ist, und unter beliebigen Neigungswinkeln festgestellt werden kann;

d ein Gradbogen zur Messung der Neigungswinkel;

e ein an *b* befestigter Bogen;

f eine Stellschraube;

g ein gabelförmiges Eisen, dessen eine Zacke an das

Brett *b* bei *h* angeschraubt ist, dessen andere aufserhalb des Kastens den Zeiger *i* zur Gradmessung trägt, *k k* eiserne Stangen, welche an das Bodenbrett *a* befestigt sind, zum Herausheben der ganzen Vorrichtung aus dem Kasten.

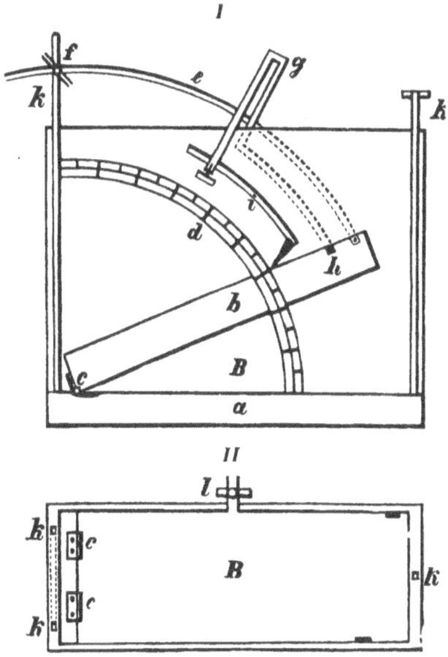

Fig. 2.

Die Versuche wurden auf folgende Weise angestellt. Geschlämmter Thon 24 Loth wurde im Kasten *B* in 64 Pfund Wasser eingerührt und das Brett eingesenkt. Der Apparat blieb 24 Stunden ruhig stehen. Hierauf wurde die noch trübe Flüssigkeit durch den Hahn *l* abgelassen und das Brett so sorgfältig herausgenommen, dafs nichts von dem abgelagerten Thon abgespült wurde. Nachdem der Absatz abgenommen und in der Siedhitze des Wassers getrocknet worden, wurde sein Gewicht bestimmt. Ein neues Brett wurde eingelegt und so fort.

Die Versuche begannen mit der horizontalen Lage des Bretts, wurden von 5 zu 5° Neigung angestellt und so weit fortgesetzt, als noch schwebende Theile auf dem geneigten Brett liegen blieben.

Alle Sorgfalt wurde angewandt, die Versuche stets unter ganz gleichen Umständen auszuführen.

Es ist klar, dafs unter übrigens gleichen Umständen um so weniger schwebende Theilchen auf das Brett fallen, je mehr es geneigt ist. Liegt das Brett wagrecht und hat man die Menge der in einer gewissen Zeit auf dasselbe gefallenen schwebenden Theilchen ermittelt: so ergibt sich die Menge derselben für jeden Neigungswinkel des Bretts durch folgende Rechnung.

Es sei *a b* in Fig. 3 die Länge des wagrecht liegenden Bretts; so fallen alle zwischen *a c* und *b d* im Wasser

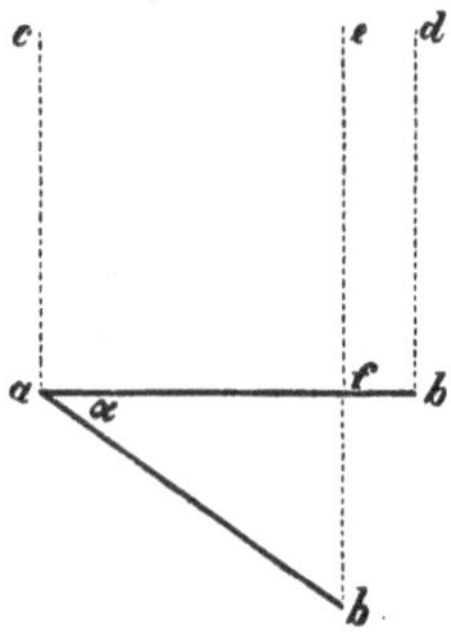

Fig. 3.

schwebenden Theile auf das Brett $a\,b$. Ist $a\,b$ geneigt: so fallen nur die zwischen $a\,c$ und $f\,e$ schwebenden Theile auf das Brett. In dem rechtwinkeligen Dreieck $a\,b\,f$ ist die Seite $a\,b$ und der Neigungswinkel α bekannt. Es ist daher $a\,f = \cos.\,\alpha \,.\, a\,b$.

Die Menge der schwebenden Theile, welche innerhalb der Breite des Bretts niederfallen, bleibt selbstredend constant.

Die Länge des Bretts ist 12 Decimalzoll;
„ Breite „ „ „ 4,7 „
„ Fläche „ „ „ 12 . 4,7 = 56,4 Quadratzoll.

Neigungswinkel des Bretts.	Cosinus der Neigungswinkel α.	Länge der Linien $a\,f$ in der Figur.	Die den abnehmenden Längen entsprechenden Quadratflächen.
0°	1,00000	12	56,4
5°	0,99619	11,95428	56,18
10°	0,98480	11,81760	55,54
15°	0,96592	11,59104	54.48
20°	0,93969	11.27628	53,00
25°	0,90630	10,87560	51,14
30°	0,86602	10,39224	48,84
35°	0,81915	9,82980	46,20
40°	0,76604	9,19248	43,20
45°	0,70711	8,48532	39,88

A.	B.	C.	D.	E.	F.
0°	2171	100	100		
				+ 9,2	
5°	1963	90,4	90,8		9.2
				+ 9,9	
10°	1731	79,7	80,9		19,1
				+ 11,0	
15°	1465	67,5	69,9		31.1
				— 0,4	
20°	1436	66,1	70,3		29,7
				+ 7,3	
25°	1239	57,1	63		37
				+ 12,9	
30°	943	43,4	50,1		49,9
				+ 43	
35°	126	5,8	7,4		92,9
				+ 4,4	
40°	47,5	2,1	2,7		97,3
				+ 1,6	
45°	18	0,8	1,1		98,9

A. Neigungswinkel.

B. Sedimente auf dem Brett.

C. Sedimente nach Procenten.

D. Um die Werthe in der Spalte *C* bei schiefer Lage des Bretts vergleichen zu können, wurden dieselben auf den Werth bei horizontaler Lage reducirt. Sie wurden daher mit 56,4 (Quadratzoll bei horizontaler Lage) multiplicirt und durch die den abnehmenden Längen entsprechenden Quadratflächen in vorhergehender Tabelle dividirt z. B.

$$90{,}4 \cdot \frac{56{,}4}{56{,}18} = 90{,}8;\ 79{,}7 \cdot \frac{56{,}4}{55{,}54} = 80{,}9 \text{ u. s. w.}$$

E. Differenzen zwischen je zwei auf einander folgenden Sedimenten.

F. Auf den schiefen Ebenen herabgerutschte schwebende Theile.

Es ergibt sich hieraus, dafs von der horizontalen Lage an bis zu einer Neigung des Bretts von 15° die Quantitäten der Sedimente sehr nahe in gleichem Verhältnifs abnehmen; in runden Zahlen kann man setzen 100, 90, 80, 70 folglich nahe in einer arithmetischen Reihe. Von 20° Neigung an verschwindet aber alles Gesetzmäfsige, und ebenso verhielt es sich, als die Versuche bei 20°, 25° und 30° Neigungswinkel wiederholt und folgende Resultate erhalten wurden:

A.	*B.*	*C.*
20°	879	40.5
25°	820	37.8
30°	632	29,1

Man sieht, wenn man diese Resultate mit den obigen vergleicht, dafs von 20° an keine regelmäfsige Abnahme der Sedimente stattfindet. Diese Irregularität kann selbstredend nur davon herrühren, dafs einmal mehr, ein anderes Mal weniger von den abgesetzten schwebenden Theilen herabrutscht.

Die mindeste Erschütterung der trüben Flüssigkeit während der 24stündigen Dauer der Versuche kann als Ursache gedacht werden. Hat die Neigung des Bretts eine gewisse Grenze überschritten und liegt sie zwischen 15° und 20°: so überwiegt die Schwerkraft der schwebenden Theile ihre Anziehungskraft.

Bei dem Versuche in 30° Neigung waren auf dem Sediment vier Streifen auf der Langseite des Bretts wahrzunehmen, welche die Wege der herabgeführten Theilchen bezeichneten.

Für unsern Zweck würde eine Wiederholung der in Rede stehenden Versuche eine vergebliche Mühe sein. Wir sind im Stande, auf Grund der Resultate derselben uns klare Vorstellungen von der Bildung der Sedimente auf dem Meeresboden zu machen.

§. 19. Schlüsse aus den Versuchen.

Denkt man sich eine Strecke des Meeresbodens z. B. von dem Umfange des Rheinischen Schiefergebirges vollkommen horizontal, denkt man sich ferner, dafs diesem Meer während langer geologischer Perioden fortwährend schwebende Theile zugeführt wurden: so entstanden horizontale Sedimente.

Hat aber der Meeresboden nur eine Neigung von 5°: so rutschen schon 10 % von den niederfallenden schwebenden Theilen so weit fort, als diese Neigung anhält. Geht die geneigte Ebene in eine horizontale über: so rutschen die schwebenden Theile auf derselben fort und setzen sich nach und nach ab. Sie bilden dann horizontale Schichten auf indirectem Wege, d. h. da, wo keine schwebendeTheile niederfallen.

Es gibt auch auf trockenem Wege entstandene Sedimente. Sie sind von Vulkanen ausgeworfene Substanzen (Tuffe, vulkanische Asche). In den Umgebungen des *Laachersee*-Gebiets finden sie sich in reichlicher Menge. An Bergabhängen und an eingeschnittenen Strafsen sind interessante Profile entblöfst. Die Neigungswinkel dieser Tuffschichten steigen bis auf 40°, also viel höher als die durch schwebende Theile auf nassem Wege gebildeten Sedimente. Dafs gröbere und eckige Körner ohne Mitwirkung von Wasser dem Abrutschen auf schiefen Ebenen mehr widerstehen als schwebende vom Wasser getragene Theilchen, ist von selbst klar. Die feinsten Tufftheilchen in jenen Profilen werden jedoch durch den Regen fortgeführt und so verlieren diese ihr hübsches Ansehen.

Die horizontalen, weniger und mehr geneigten Flächen bedingen die quantitativen Verhältnisse der auf sie fallenden und auf ihnen liegen bleibenden schwebenden Theile. Die Resultate unserer Versuche setzen uns in den Stand, die relativen Mächtigkeiten, welche die Sedimente erlangen, zu berechnen.

Durch folgende Zeichnungen werden diese Verhältnisse anschaulich gemacht.

§. 20. Profile im Meere, welche die Bildung sedimentärer Gesteine anschaulich machen.

Angenommen, der Meeresboden habe eine Neigung von 15°: so kommen auf der schiefen Ebene nach Tab. S. 42 D nur 70 % von den niederfallenden schwebenden Theilen zum Absatz, 30 % werden bis dahin fortgeführt, wo der Boden horizontal wird. Nachstehende Fig. 4 erläutert diese Verhältnisse.

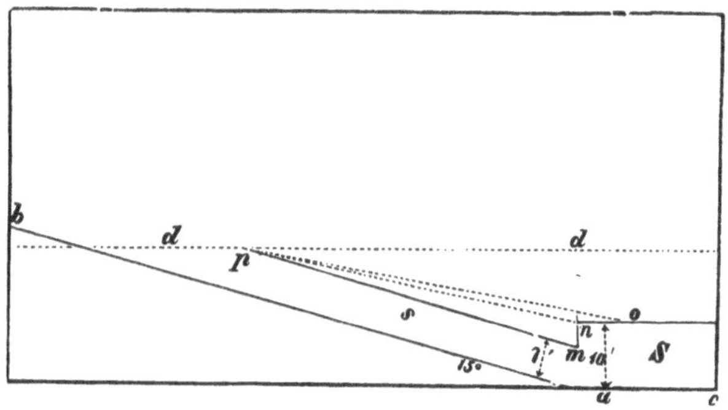

Fig 4.

Es sei $a\,b$ der Abhang einer Insel, dessen Neigungswinkel 15° betrage;

$a\,c$ sei der horizontale Meeresboden;

$d\,d$ der Meeresspiegel.

Fallen während einer langen geologischen Periode aus dem Meere schwebende Theile nieder: so entstehen auf dem Meeresboden $a\,c$ horizontale, auf dem Abhange $a\,b$ geneigte Schichten.

Da nach unsern Versuchen die schwebenden Theile, welche auf eine horizontale Unterlage fallen, sich zu denen, welche auf eine 15° geneigte Fläche fallen und liegen bleiben, verhalten wie 100 : 70: so wird in diesem Verhältnifs die Dicke beider Schichten *S* und *s* zunehmen.

Erreichen die Sedimente auf *a c* nach langer Zeit z. B. eine Dicke von 10 Fufs: so können die Sedimente auf *a b* in derselben Zeit nur 7 Fufs dick werden. Der Rest von 3 Fufs Höhe kann nur bis *m n* geführt werden. Er beträgt aber mehr als zum Ausfüllen des Dreiecks *m n p* erforderlich ist. Der Rest gelangt auf *n o p*. Die beiden punctirten Linien machen diese Verhältnisse anschaulich. Der Neigungswinkel aller Absätze wird also kleiner als 15°.

Steigt der Neigungswinkel einer Insel, wie in nachstehender Fig. 5, bis auf 45°: so rutschen auf den Abhängen 99 % schwebende Theile herab und nur 1 % bleibt auf denselben liegen, welches in der Figur durch die punctirte Linie *e f* angedeutet ist. *d d* ist der Meeresspiegel. Ist der die Insel umgebende Meeresboden *a c* horizontal: so kommen die herabgerutschten Theile auf demselben zum Absatz, und gesellen sich zu den direct herabgefallenen Theilen.

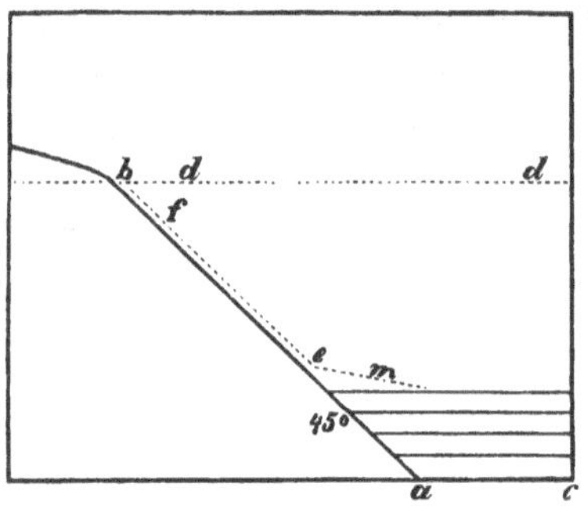

Fig. 5.

Durch Aufnahme jener herabgerutschten Theile geht aber die horizontale Lage in eine etwas geneigte über, wie die punctirte Linie *m* zeigt.

Es ist klar, dafs solche Verhältnisse an steilen Ufern des Meeres vorzugsweise stattfinden. Die schwebenden Theile, welche auf diese geneigten Flächen fallen, rutschen mehr oder weniger herab und wirken wie die von Abhängen der Inseln herabgeführten Theile.

§. 21. Dislocationen der sedimentären Gesteine durch spätere Wirkungen.

Die Profile haben die Grenzen der Neigungswinkel kennen gelehrt, bis zu welchen eine sedimentäre Bildung noch möglich wird. Streng genommen ist ein Neigungswinkel von 45^0 schon viel zu hoch gestellt. Ob jemals auf einem Abhange von 30^0 Neigung, auf welchem von den schwebenden Theilen eben so viel fortgeführt wird, als liegen bleibt, noch Absätze entstehen können, lassen wir dahin gestellt.

Wo sich Schichten von noch gröfserer Neigung finden, da kann von einer ursprünglichen Bildung gar keine Rede sein. Spätere Senkungen und Hebungen müssen angenommen werden. Zu dieser Ansicht sind auch schon längst die Geologen gekommen.

Angenommen, dafs das Ende der sedimentären Bildungen der Anfang einer auf den Meeresboden ungleich wirkenden, hebenden Kraft ist: so verlieren die Schichten ihre horizontale Lage. Sie werden mehr oder weniger aufgerichtet.

Sollte diese hebende Kraft schon wirksam sein, ehe noch die sedimentären Bildungen den Meeresspiegel erreicht haben, sollte die Neigung der Schichten bis auf 45^0 steigen: so können nach den Resultaten unserer Versuche keine Sedimente auf so geneigten Flächen mehr haften.

Wenn in einem Meer mit horizontal ausgedehntem Boden an verschiedenen Stellen ungleiche Quantitäten schwebender Theile niederfallen: so müssen Undulationen in den Absätzen derselben entstehen. Welche Gröfse die Neigungswinkel erreichen können, ist nicht zu ermitteln.

Genug aber, dafs wir keineswegs gezwungen sind, jede auch noch so geringe Neigung einer Schicht als das Werk einer Hebung zu betrachten, sondern dafs bis zu einem gewissen Grad geneigte Schichten in dieser Lage sich abgesetzt haben können. Man möchte vielleicht keinen Fehlgriff thun, wenn man eine Schicht von 15^0 Neigung, welche sich an eine horizontale anschliefst, für eine durch Niederfallen ungleicher Quantitäten schwebender Theile in benachbarten Localitäten veranlafste Bildung hielte.

§. 22. Vergleichung der Quantitäten der in den Versuchen erhaltenen Absätze mit denen, welche die sedimentären Formationen zusammensetzen.

Eine directe Messung der Dicke der Absätze auf dem Brett würde, da sie eine kleine Gröfse ist, namentlich bei geneigter Lage des Bretts, kein genaues Resultat geliefert haben. Diese Dicke wurde daher auf indirectem Wege bestimmt.

Das Gewicht von 1 Decimalcubikzoll Wasser ist	498 Gran.
Das specifische Gewicht der schwebenden Theile	2,425 „
folglich das Gewicht von 1 Decimalcubikzoll schwebender Theile . . .	1208 „
Die Fläche des Bretts ist	56,4 Quadratzoll,
die Menge der in 24 Stunden auf das horizontale Brett gefallenen schwebenden Theile ist	2171 Gran,

mithin die Dicke des Sediments in 24 Stunden

$\frac{2171}{1208 . 56,4} = 0,0319$ Zoll in 1 Jahr in runder Zahl = 1 Fufs.

Im rheinischen Schiefergebirge von *Nieder-Breisig* bis *Irlich* in einer Breite von ungefähr 2 Meilen, fallen alle Schichten des Gebirges sehr steil südöstlich; von *Irlich* bis *Coblenz* ist in gleicher Breite das Fallen entgegengesetzt, steil nordwestlich. Aus der bedeutenden Breite dieser Mulde von ungefähr 4 Meilen und der überall sehr steilen Neigung der Schichten schliefst von Oeynhausen blos für die Schichten dieser Mulde auf eine Mächtigkeit von mehr als 30000 Fufs. Ist diese Zahl auch gewifs viel zu hoch gegriffen, so mufs doch jedenfalls dem Uebergangs-Gebirge eine ungemein grofse Mächtigkeit zugestanden werden [1]).

Sollte der Absatz dieses Gebirges aus einem Meerwasser herrühren, welches so mit schwebenden Theilen gesättigt war, wie das zu unserm Verfahren angewandte Wasser: so würde nach jener Schätzung ein Zeitraum von

---

[1]) Meine Geologie. 2. Aufl. Bd. I. S. 12 ff.

30000 Jahren erforderlich gewesen sein, um das Gebirge zu bilden.

Ein so trübes Meerwasser gibt es aber gewifs nicht. Es ist nicht möglich, ein auch nur entfernt denkbares Verhältnifs zu ermitteln, worauf man eine Calculation gründen könnte. Nehmen wir an, dafs das Meerwasser, aus welchem jenes Thonschiefergebirge abgesetzt wurde, $^1/_{10}$ von den schwebenden Theilen enthielt wie das zu unseren Versuchen angewandte trübe Wasser: so ist dieses Verhältnifs sicherlich noch viel zu grofs. Gleichwohl würde dann ein Zeitraum von 300000 Jahren zum Absatze dieses Gebirges nöthig gewesen sein. Man sieht, mit Tausenden von Jahren reicht man nicht aus, man mufs nach Millionen Jahren rechnen, wenn man unserm Fassungsvermögen zu Hülfe kommen will.

Am *Rhein* sind wir mit unserm schwankenden Rechenexempel zu Ende; denn dort geht das Thonschiefergebirge zu Tage aus. Ist aber an anderen Orten dieses Gebirge mit jüngeren sedimentären Formationen, z. B. mit der mächtigen Steinkohlenformation bedeckt: so kommen wir abermals auf unschätzbare grofse Zeiträume und wiederum sind es schwebende Theile, zu denen wir Zuflucht nehmen müssen, um uns die Schichtung der, wenn auch bei weitem weniger mächtigen Schieferthon-Lager vorstellen zu können.

Wo der Meeresboden erodirt wird, da mufs das Meer strömen, wo das Erodirte abgesetzt wird, da mufs es stagniren. Dort nimmt die Meerestiefe zu, hier nimmt sie ab.

War der ursprüngliche Meeresboden, wo er erodirt wurde, nahe horizontal und war das Erosionsgebiet von bedeutendem Umfange, hatte dagegen das Gebiet, auf welches die erodirten Theile abgesetzt wurden, nur einen geringen Umfang: so entstand vom tiefsten Puncte des erodirten Meeresbodens bis zum höchsten der abgesetzten Sedimente ein planum inclinatum von geringem Neigungswinkel.

§. 23. Schieferung sedimentärer Gesteine.

Was auf künstlichem Wege in kurzen Zeiten unvollkommen erreicht wird, das schafft die Natur in langen Zeiten auf bewundernswerthe Weise. Dies zeigt die Schieferung der Dachschiefer. Die zum Schreiben dienenden Schiefertafeln haben eine Dicke von einigen Linien und sind so eben als wenn sie geschliffen wären. Seiner Sprödigkeit wegen läfst sich dieser Schiefer in gröfseren Stücken nicht sehr dünne spalten. Durch gelindes wiederholtes Aufschlagen mit einem Hammer auf eine Schieferplatte lösen sich indefs kleinere Stücke ab, die nur eine Dicke von 0,1 Linie haben. Selbstredend ist diese Zahl aber nicht als die Grenze der Spaltbarkeit anzusehen.

Es gibt kein sedimentäres Gestein, welches wir so treu nachbilden können als den Dachschiefer. Er besteht aus dem feinsten Korn und läfst sich durch Zerreiben und Schlämmen wieder in gleiches Korn umwandeln, sogar ohne Verlust seiner Farbe.

Vor mehreren Jahren wurden Absätze aus fein zerriebenen und geschlämmten Dachschiefer-Theilchen so dargestellt, dafs mehrere Tage lang immer wieder neue Absätze auf die älteren sich ablagerten. Nach jedesmaligem Klären und Ablassen der trüben Flüssigkeit wurde nämlich neue eingerührt. So erreichten endlich die sämmtlichen Absätze eine Dicke von 4 Linien. Sie wurden mehrere Jahre sorgfältig aufbewahrt und trockneten daher vollständig aus. Der ganze Absatz liefs sich in mehrere Lamellen zertheilen, welche den natürlichen Dachschiefer-Lamellen ganz ähnlich waren und dieselbe Farbe hatten. Man hätte die Schieferung noch weiter treiben können, wenn es der mürbe Zustand der Lamellen gestattet hätte.

Die Bildung der Dachschiefer-Lamellen, welche so dünn wie Papier sind, könnte man mit der Fabrikation des Papiers vergleichen. Bei der Darstellung des Papiers nach dem alten Verfahren reihen sich die im Wasser schwebenden Leinwand-Fäserchen an einander und adhäriren so innig, dafs sie ihren Zusammenhang nicht verlieren, wenn die Lamellen von der Unterlage abgenommen werden.

Ebenso fein wie jene Fäserchen sind die abgerundeten schwebenden Theilchen, aus welchen sich der Dachschiefer bildet. Die Schriftzüge des Schieferstifts auf der

Schiefertafel zeigen die Feinheit dieser Theilchen. Sie adhäriren eben so innig an einander, wie die Leinwand-Fäserchen.

Ist eine Schieferlamelle gebildet, fallen auf sie schwebende Schiefertheilchen: so bildet sich eine zweite Lamelle und so fort.

Kapitel VI.

Erosion.

In meiner Geologie (B. I. S. 336 ff.) wurden die Wirkungen der Erosion durch die Flüsse und Bäche einer ausführlichen Betrachtung unterworfen. In meiner Abhandlung, die Gestalt der Erde und der Meeresfläche und die Erosion des Meeresbodens, machte ich auf die Meeresströmungen aufmerksam, welche, wenn sie bis zum Meeresboden reichen, ebenso erodirend auf denselben wirken wie die Flüsse auf ihr Bett. Im Anschlufs hieran wurden nachstehende Versuche ausgeführt.

§. 24. Rotationsversuche zur Beantwortung der Frage, ob eine Erosion des Meeresbodens denkbar ist.

Soll Detritus den Meeresboden erodiren: so mufs er bewegt werden. In Folge der Axenrotation der Erde ist der Meeresboden mit dem Detritus und der Wassersäule in beständiger Bewegung. Der auf dem Meeresboden gelagerte Detritus bewegt sich mit derselben Geschwindigkeit wie seine Unterlage. Sollte nun die Wassersäule mit derselben Geschwindigkeit wie der Meeresboden bewegt werden: so könnte der Detritus nicht erodirend wirken.

Die Rotationsversuche §. 5 haben ergeben, dafs die Rotationsgeschwindigkeit der Wassersäule kleiner ist als die des Cylinders. Im Mittel aus zehn nahe übereinstimmenden Versuchen verhielt sich die Rotationsgeschwindigkeit des Cylinders zu der der Wassersäule wie 1 : 0,978.

Zu nachstehenden Versuchen wurde der §. 5 beschriebene Rotations-Apparat angewandt. Es diente dazu ein Zinkblech-Cylinder von 15 Zoll Höhe und Durchmesser, der nicht durch ein Uhrwerk, sondern auf einer Drehscheibe in Bewegung gesetzt wurde. Es war zu ermitteln, wie sich ein leicht beweglicher Körper auf dem Boden eines mit Wasser gefüllten Gefäſses verhält, wenn dieses in Rotation versetzt wird.

Versuch I. Auf den Boden des mit Wasser gefüllten Cylinders wurden Quarzgeschiebe gelegt. Die Rotation begann, anfangs langsam, allmälig mit steigender Geschwindigkeit. Bald hörte man, daſs die Geschiebe sich bewegten. Mit zunehmender Geschwindigkeit verschwand das Geräusch, kam aber wieder zum Vorschein, als die Geschwindigkeit vermindert wurde. Die Erklärung dieser Erscheinungen ergab sich von selbst. Die Geschiebe können nur dann in erodirende Bewegung kommen, wenn die Geschwindigkeiten des Cylinders und des darin befindlichen Wassers ungleich sind. Bei beginnender Rotation ist die Geschwindigkeit des Cylinders gröſser als die des Wassers. Bei abnehmender Rotation ist die Geschwindigkeit des Wassers gröſser als die des Cylinders.

Eine einzige Umdrehung des mit Wasser gefüllten Cylinders C in der Richtung des Pfeils P reichte hin, die dieser Richtung entgegengesetzte Bewegung der Geschiebe von a nach b deutlich wahrzunehmen. Eine einzige Umdrehung des Cylinders kann aber dem Wasser nicht dieselbe Geschwindigkeit ertheilen wie dem Cylinder.

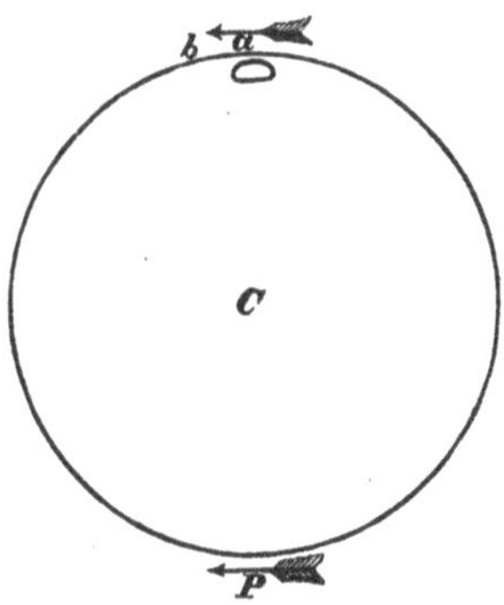

(Fig. 6.)

Eine mehrmalige Wiederholung des Versuchs gab dasselbe Resultat.

Je gröſser die Differenz zwischen der Rotationsgeschwindigkeit des Cylinders und des darin enthaltenen Wassers, desto mehr rückt das Geschiebe in der Richtung des Pfeiles a nach b.

Genaue Messungen konnten nicht angestellt werden, weil bei fortgesetzter gleicher Rotationsgeschwindigkeit des Cylinders, die des Wassers fortwährend zunimmt. Damit ist aber eine Zunahme der Reibung der Geschiebe auf dem Boden des Cylinders verknüpft, wodurch die Geschwindigkeit derselben vermindert wird.

Wenn daher die Rotationsgeschwindigkeit des Meeresbodens gröfser ist als die der Wassersäule auf demselben: so drehen sich die Geschiebe von Ost nach West.

In diesem Falle werden daher die Geschiebe erodirend auf den Meeresboden wirken.

Um durch Rotation eine Erosion auf einer harten Unterlage künstlich zu bewirken, wurden folgende Versuche angestellt.

Versuch II. Das Gefäfs wurde 6 Zoll hoch mit Wasser, kleinen Quarzsplitterchen und Sand gefüllt. Die Geschwindigkeit der Drehscheibe wurde so gemäfsigt, dafs das Wasser mit dem feinen Sand so hoch an den Wänden des Gefäfses aufstieg, dafs der Mittelpunct desselben fast trocken gelegt, das Wasser aber nicht herausgeschleudert wurde. Mehrere Tage hinter einander wurde von Zeit zu Zeit die Drehscheibe in Bewegung gesetzt. Anfangs wurde sehr langsam gedreht und allmälig die Geschwindigkeit gesteigert. Ebenso wurde das Drehen nicht plötzlich gehemmt, sondern die Geschwindigkeit allmälig bis zum Stillstande vermindert.

Nachdem das Cylindergefäfs entleert worden war, zeigten sehr feine parallel mit dem Boden desselben laufende Ritze an den Seitenwänden, welche sich so hoch heraufzogen als das Wasser und der Sand gestiegen waren, dafs das Zinkblech erodirt worden war.

Versuch III. Auf den Boden des Cylindergefäfses wurde eine runde Glasscheibe gekittet und wie im Versuch II. Wasser, kleine Quarzsplitterchen und Sand eingefüllt. Uebrigens verfuhr man wie im vorigen Versuche. Auf der Glasscheibe waren äufserst feine Linien als Theile von Curven wahrzunehmen, welche besonders deutlich hervortraten, wenn man die Scheibe im durchgehenden Licht betrachtete. Die Erosion der Glasscheibe war unzweifelhaft. Sie würde noch mehr hervortreten, wenn man die Rotation Tage lang ununterbrochen fortsetzen wollte.

Die Aequatorialströmung von Ost nach West kann dadurch erklärt werden, dafs die Rotationsgeschwindigkeit der Meeressäule etwas kleiner als die des Meeresbodens ist. Abstrahiren wir für einen Augenblick von der Ursache der Erscheinung, bleiben wir bei der Thatsache stehen, dafs am Aequator von Ost nach West eine Meeresströmung stattfindet: so ist klar, dafs eine solche Strömung eben so wirken wird, wie die Ströme auf der Erdoberfläche. Sie wird den Meeresboden jetzt noch erodiren; denn die Bedingungen der Erosion, Sand, Geschiebe, führen die Flüsse in das Meer.

Die Schwerkraft ist es, welche die Erosion der Erdoberfläche, die Rotationskraft, welche die Erosion des Meeresbodens bewirkt. Dort bringt die Schwere, hier die Axen-Rotation das Wasser zum Fliefsen.

Gegen die mächtigen Meeresströmungen, z. B. die Polarströme im *Atlantischen Ocean*, verschwinden fast die gröfsten Ströme auf den Continenten. Die Wirkungen der Rotationskraft übertreffen also bei weitem die der Schwerkraft.

Es genügt, mit wenigen Worten auf die mächtigen, noch deutlich erkennbare organische Formen enthaltenden Kalkgebirge hinzudeuten, um zu beweisen, dafs auch in jenen langen sedimentären Perioden Strömungen den Muschelthieren auf dem Meeresboden Nahrung und Material zum Bau ihrer Schalen zugeführt haben und noch zuführen.

Alle diese Thatsachen führen zu dem sichern Schlufs, dafs Strömungen auf dem Meeresboden existiren und dafs daher auch Erosionen auf demselben stattfinden müssen.

Um sich die Bildung der ersten sedimentären Gesteine erklären zu können, müssen schwebende Theile vorausgesetzt werden, welche durch Erosion primitiver Gesteine entstanden sind, mögen diese feuerflüssig gewesen sein oder nicht. Könnte uns ein solches primitives Gestein zur chemischen Untersuchung dargeboten werden: so würde damit wenig gewonnen werden. Wir würden dieselben elementaren Stoffe, nur wenig in ihren Verbindungen modificirt, wie in den sedimentären Gesteinen finden. Kein Schlufs kann daher mehr begründet sein, als der, dafs die primitiven Gesteine wie die aus denselben hervorgegangenen sedimentären Gesteine, Silicatgesteine waren. Wesentlich ist es also nur eine Formveränderung, welche jene Gesteine erlitten haben, und noch erleiden, verknüpft mit nur geringen chemischen Umwandlungen.

Selbstredend können jene primitiven Gesteine nur unterhalb der ältesten und untersten der sedimentären Formationen zu suchen sein. Ebenso mächtig als diese sedimentären Formationen sind, müssen die primitiven Gesteine gewesen sein, welche dazu das Material geliefert haben.

Erosion ist der grofse Act, der sich der Entstehung unserer Erde unmittelbar angeschlossen hatte und der noch im Gange ist.

Die feinen Theilchen, welche die Regenwasser in die Flüsse führen und sie trüben, bleiben meist so lange schwebend, als das Wasser fliefst, und kommen im stagnirenden Wasser in Seen und im Meer zum Absatz. Wie viele Meilen weit in das Meer hinein sie vom *Mississippi* getragen werden, führt Lyell an. Sind sie bis zur Grenze der Wellenbewegung gesunken, werden sie dann aber von starken Meeresströmungen erfafst, so hört das weitere Sinken auf.

Man sieht, wie viele Umstände sich vereinigen müssen, ehe die dem Meere zugeführten schwebenden Theile zum Absatz auf dem Meeresboden kommen.

§. 25. Mechanische Kraft fliefsender Gewässer.

Ist m die Masse eines Körpers, g die Geschwindigkeit, womit er bewegt wird: so ist $m\,g$ das mechanische Moment, das heifst die Kraft, welche der bewegte Körper ausüben kann. Wünscht man die mechanischen Kräfte fliefsender Gewässer, der Flüsse und Meere, mit einander zu vergleichen: so ergeben sich die Werthe von m aus der Messung der Tiefen der fliefsenden Gewässer.

Im Kapitel I. §. 3 finden sich Geschwindigkeiten der Aequatorialströmung. Sie schwanken zwischen 0,66 und 3,39 Fufs in 1 Secunde. Ob diese Geschwindigkeiten wirklich so sehr differiren, oder von Beobachtungsfehlern herrühren, mufs dahin gestellt bleiben. Eine schwierige Aufgabe ist allerdings die genaue Messung dieser Geschwindigkeiten. Der andere Factor des mechanischen Moments, die Tiefe der Meere, ist dagegen in neueren Zeiten an vielen Orten mit grofser Genauigkeit gemessen worden.

Die Tiefe der Flüsse ist eine sehr schwankende Gröfse. Nirgends nähert sie sich aber selbst den geringsten Tiefen im offenen Meer. Setzen wir 100 Fufs Tiefe als Maximum der Flufstiefen: so möchte diese Zahl wohl schon zu hoch gegriffen sein. Die gröfste bis jetzt gemessene Meerestiefe ist dagegen 44707 Fufs (*Atlantischer Ocean* 36° 49′ s. Br.).

Sollten wider Erwarten jene 100 Fufs zu niedrig sein, sollte das Maximum der Flufstiefen in Hunderte von Fufsen fallen: so würden immer noch die Flufstiefen kleine Bruchtheile von den Meerestiefen bleiben.

Die gröfsten Geschwindigkeiten der bis jetzt gemessenen Meeresströmungen stimmen mit den mittleren Geschwindigkeiten der Flüsse überein.

Je gröfser die mechanischen Momente von fliefsenden Wassersäulen, desto gröfser ist der Druck auf dem Meeres- und Flufsboden und auf den daselbst gelegenen Geschieben. Desto gröfser ist daher der Effect der Erosion.

Den Effect der Erosion durch die Flüsse haben wir vor Augen. Es sind die mehr oder weniger tief eingeschnittenen Thäler der Flüsse. Der Effect der Erosion der Meeresströmungen ist nicht sichtbar.

Berechnen wir die mechanischen Momente einiger Meeresströmungen. Da der Factor g (die Geschwindigkeit) eine sehr schwankende Gröfse ist: so wurde Maximum und Minimum in Ansatz gebracht.

Gröfste gemessene Tiefe im *Atlantischen Ocean.*	Geschwindigkeit.		Mechanisches Moment.	
	Max.	Min.	Max	Min.
44707 F.	3,9	0,66	174357	29506
Meerestiefen auf der Cabellinie zwischen *Irland* und *Newfoundland:*				
Max. 14067	3,9	0,66	54861	9284
Min. 1679	3,9	0,66	6548	1108
Meerestiefen auf der französischen Cabellinie:				
Max. 13927	3,9	0,66	54315	9192
Min. 10984	3,9	0,66	42837	7249

Die Berechnung der mechanischen Momente der Flüsse kann nur auf eine Schätzung gegründet werden. Oben wurden 100 Fufs Tiefe als Maximum hingestellt. Darauf gründen wir unsere Rechnung.

Tiefe	Geschwindigkeit.		Mechanische Momente.	
	Max.	Min.	Max.	Min.
100	4	3	400	300
Alpenflüsse				
100	11.6		1160	

So schwankend der Natur der Sache nach alle diese

Zahlen sind, so zeigen sie doch, wie zu erwarten war, dafs die mechanischen Effecte der Meeresströmungen ungleich gröfser sind als die der Flüsse, vorausgesetzt, dafs alle jene bis zum Meeresgrund hinabreichen.

§. 26. Versuche, betreffend die Fortführung des Sandes auf dem Bette der Bäche und Flüsse durch die Gewässer.

Eine 2 Fufs lange hölzerne Rinne wurde auf ein mit einem Gradbogen versehenes, an einem Ende bewegliches Brett gelegt. In die Rinne wurden 4 Loth = 960 Gr. trockner Sand geschüttet, über welchen stets gleiche Quantitäten Wasser eine Stunde lang flossen.

Es wurden stets zwei Versuche in jeder Lage des Bretts, I und II bezeichnet, vorgenommen.

Die letzte Spalte enthält die Multipla der fortgeführten Sandquantitäten, wenn die auf der horizontalen Lage fortgeführte Menge als Einheit gesetzt wird.

Neigungswinkel.			Mittel.	Multipla.
0°	I	6.75 Gr.	6,50	1
	II	6,25 »		
1°	I	7,5 »	7,0	1,08
	II	6,5 »		
2°	I	16,0 »	16,0	2,46
	II	16,0 »		
3°	I	116 »	123	18.9
	II	130 »		
4°	I	336 »	363	55,8
	II	390 »		
5°	I	404 »	479,5	73,8
	II	555 »		
6°	I	852 »	816	125,5
	II	780 »		

Wiederholung dieser Versuche:

Neigungswinkel.			Mittel.	Multipla.
0°	I	8,5 Gr.	8.75	1,0
	II	9,0 »		
1°	I	12,0 »	12,5	1,43
	II	13.0 »		
2°	I	14,0 »	14,0	1,6
	II	14,0 »		
3°	I	92,0 »	82,0	9,37
	II	72,0 »		
4°	I	348,0 »	320,0	36,57
	II	292,0 »		
5°	I	900.0 »	882,0	100,8
	II	864.0 »		
6°	I	1760,0 »	1862,0	212,8
	II	1964,0 »		

Die 4 Loth Sand reichten bei 6° nicht hin, indem bereits nach $^3/_4$ Stunden alles fortgeführt war. Dieser Versuch wurde deshalb mit 8 Loth Sand wiederholt.

Aus vorstehenden Versuchen ergeben sich folgende Resultate:

1) Selbst in horizontaler Lage der Rinne wird noch Sand durch fliefsendes Wasser fortgeführt.

2) Mit zunehmenden Neigungswinkeln der Rinne nimmt diese Fortführung in sehr rasch steigenden Verhältnissen zu.

Vergebens habe ich mich bemüht, aus den hier und da sehr schwankenden Resultaten ein Gesetz abzuleiten. Es war das um so weniger möglich, da die Multipla in beiden Versuchsreichen aufserordentlich differiren. Die Versuche wurden sorgfältigst angestellt. Welche Umstände diese bedeutenden Differenzen herbeigeführt haben, war nicht zu ermitteln.

3) Ist das Gefälle eines Flusses an einer Stelle so gering, dafs das Wasser nur eben noch fliefsen kann: so wird doch noch Sand fortgeführt. Ist aber oberhalb dieser Stelle das Gefälle gröfser: so wird ihr mehr Sand zu- als von ihr fortgeführt. Das Gleichgewicht kann aber bei hohem Wasserstande, wo die Flufsgeschwindigkeit zunimmt, wieder hergestellt werden. Geschieht dies nicht: so nimmt die Versandung zu. Dies ist namentlich der Fall an der Mündung der Flüsse, in Seen oder im Meere, wie dies die Deltas zeigen.

Kapitel VII.

Deltabildungen, Absätze in Flüssen und Binnenmeeren.

Der *Rhein* verläfst am *Siebengebirge* das *Rheinische* Schiefergebirge und der Nordrand des *Siebengebirges* ist gewissermafsen der Anfangspunkt der Deltabildung. Von da an bis zu seiner Mündung in das Meer fliefst er auf seinen früheren Absätzen, deren obere Lage Thon, deren untere Sand und Geschiebe sind. Die Mächtigkeit dieser Absätze ist an jener Stelle nicht bekannt.

Die Meereshöhe des *Rheins* am Fufse des *Siebengebirges* ist ungefähr 149 Fufs. Sollte dort die Mächtigkeit des Detritus gleichfalls 149 Fufs oder noch mehr betragen: so würde dies ein directer Beweis sein, dafs vor dem Absatz dieses Detritus das Meer sich bis zum Fufs jenes Gebirges erstreckt hatte und das ganze Rheinthal von da bis zum Meer ein Meerbusen war. Der Detritus, welchen der *Rhein* mit sich führte, füllte den Meerbusen am Fufse des Gebirges nach und nach aus. Die gröberen Geschiebe kamen früher, die kleineren und der Sand später und noch später die schwebenden Theile zum Absatz; die Ausfüllung schritt bis zum eigentlichen Meer und noch in dasselbe hinein fort: die Versandung an der Mündung des *Rheins* nimmt noch zu.

Wo Deltas mit dem Namen Sandbänke bezeichnet werden, da kann es nicht zweifelhaft sein, dafs die Flüsse das Material zu ihrer Bildung geliefert haben. Ist es reiner Sand, fehlen schwebende Theile, welche abgeschlämmt werden könnten: so ist zu schliefsen, dafs diese durch Meeresströmungen, sei es durch die periodische Fluth oder durch eine permanente Strömung, fortgeführt wurden.

Schwebende Theile, welche durch Strömung aus dem Weltmeer in ein Binnenmeer, in welchem Ebbe und Fluth unwirksam sind, geführt werden, setzen sich darin ab. So namentlich im *Mittelländischen Meer* durch die Strömung aus dem *Atlantischen Ocean* in dasselbe. Dazu kommen die schwebenden Theile, welche die vielen aus drei Welttheilen kommenden Flüsse dem *Mittelländischen* Meer zuführen.

Dem *Kaspischen* Meer werden keine schwebenden Theile aus dem Weltmeer zugeführt, wohl aber durch die Flüsse aus einem grofsen Theil von *Asien*.

Nach langen, langen geologischen Perioden werden daher das *Mittelländische* wie das *Kaspische* Meer mit sedimentären Formationen ganz erfüllt werden. Die Absätze der schwebenden Theile werden sich auf dem Meeresboden gleichmäfsig ausbreiten, der grobe Detritus wird einen Saum um dieselben bilden. Die Flüsse, welche in beide Meere fliefsen, werden dann auf dem aufgeschwemmten Lande ihren Lauf fortsetzen. Die in das *Mittelländische* Meer sich ergiefsenden Flüsse finden ihren Weg in den *Atlantischen Ocean* durch die Strafse von *Gibraltar* schon vorgezeichnet.

Das *Kaspische* Meer liegt 86,5 engl. Fufs unter dem *Schwarzen* Meer. Zwischen dem *Kaspischen* und dem *Schwarzen* oder irgend einem andern Meere findet demnach keine unterirdische Communication statt, und bietet somit das Becken des *Kaspischen* Meers ein merkwürdiges Beispiel eines absoluten Wasserabschlusses dar (vergleiche meine Geologie Bd. I, S. 265). Die russische Regierung wird die Frucht ihres grofsartigen Unternehmens, das Nivellement zwischen dem *Kaspischen* und *Schwarzen* Meer nicht verloren geben, sondern durch zeitweise Beobachtungen der Wasserstände des *Kaspischen* Meers constatiren lassen, ob, wie sehr wahrscheinlich, jene Niveau-Differenz zwischen diesem und dem *Schwarzen* Meer eine constante Gröfse ist. Ist dies so, finden nur geringe Schwankungen im Niveau des Meers, je nach den Jahreszeiten statt, so stellt sich ein Verhältnifs heraus, welches in so grofsartigem Maafsstabe, wie im *Kaspischen* Meer, in keinem anderen Binnenmeer stattfinden kann, dafs nämlich alles Wasser, welches so viele Ströme diesem Meere zuführen, einzig und allein durch Verdunstung wieder entweicht.

In einem Meer, in welchem weder permanente, noch periodische Strömungen stattfinden, sondern nur die Wellenbewegung durch den Wind in verschiedenen Richtungen wirksam ist, da können Deltas nicht fehlen. —

Die überaus zahlreichen Mündungsarme der *Wolga* schliefsen ein ausgedehntes Delta ein, dessen Länge am Meere 140 Werste (20 geogr. M.) beträgt. Der Hauptstrom bildet fast überall die westliche Begränzung des Deltas.

Die sehr vielen seichten Stellen der *Wolga* an ihrer Mündung zeigen, dafs ihr Gefälle sehr gering ist, mithin die Bedingungen zum Absatze des Detritus gegeben sind. Nach den grofsen Ueberschwemmungen im Frühjahr ändert die *Wolga* häufig den Lauf ihres Fahrwassers. Sie reifst dann stellenweise den Sand vom Ufer los und setzt ihn, Untiefen bildend, an anderen Stellen wieder ab, die sich zu Inseln gestalten und aus dem Wasser hervorragen. Besonders häufig finden sich diese Untiefen gegen die Mündungen hin, wo bei anhaltenden Südostwinden die *Wolga* in ihrem Lauf gehemmt wird und den mitgeführten Sand zum Absatz bringt[1]). Anhaltende, gegen die Mündung eines Stromes wehende Winde begünstigen demnach die Bildung der Deltas. So wird es auch wohl bei der Bildung der Deltas anderer Flüsse der Fall sein.

In dem Verhältnifs, in welchem sich der Boden des *Kaspischen* Meers durch die Absätze des Detritus erhöht, mufs der Meeresspiegel steigen. Ist er einstens um 86,5 Fufs gestiegen: so erreicht er den Stand des Weltmeers. Nicht anzunehmen ist aber, dafs es jemals einen Abflufs in das Weltmeer erlangen wird, denn da sein dermaliges Areal so grofs ist, dafs das verdunstende Wasser mit dem zufliefsenden im Gleichgewicht steht: so kann, wenn die Verdunstungsfläche zunimmt, das zufliefsende Wasser aber constant bleibt, Wasser um so weniger zum Abfliefsen kommen.

Anders sind die Verhältnisse im *Mittel-Meer*. Dieses Binnenmeer kann durch den zugeführten Detritus ganz trocken gelegt werden. Die Verdunstungsfläche desselben reducirt sich dann auf die verhältnifsmäfsig geringen Verdunstungsflächen der Flüsse, welche ihren Lauf auf

---

[1]) Mineralogisch-geognostische Reise u. s. w. von Gustav Rose, B. II. S. 306 ff.

dem aufgeschwemmten Boden in das Weltmeer fortsetzen werden.

Da eine Strömung aus dem *Atlantischen Ocean* in das *Mittel-Meer* stattfindet: so ist zu schliefsen, dafs schon in der Jetztzeit aus diesem Meer mehr Wasser verdunstet als ihm durch die Flüsse zugeführt wird. Es soll aber im Canal von *Gibraltar* ein Unterstrom existiren, der Wasser aus dem *Mittel-Meer* in den *Ocean* führt. Das Wrack eines Schiffes nämlich, welches bei *Ceuta* an der Spitze von *Marocco* unterging, soll zu *Tarifa* an der *europäischen* Küste, 2 engl. Meilen westlich von *Ceuta*, an das Ufer geworfen worden sein [1]).

Eine Meeresströmung, welche im Stande wäre, ein bei *Ceuta* gescheitertes Schiff auf dem Meeresboden quer durch den Canal nach *Tarifa* zu schieben, müfste eine aufserordentliche Geschwindigkeit haben; denn nur dadurch könnte die dazu nöthige grofse Kraft entwickelt werden. Dieser Geschwindigkeit gegenüber würden alle bis jetzt gemessenen Geschwindigkeiten der Meeresströmungen verschwindende Gröfsen werden. Welche Ursachen könnten gedacht werden, dafs gerade eine Strömung aus einem Binnenmeer in den *Ocean* eine so aufserordentliche Geschwindigkeit erlangen könnte? Die Angaben über die Translocation des Schiffes dürften demnach mit Vorsicht aufzunehmen sein.

Wie für die Binnenmeere, so kann man auch für den *Ocean* im Allgemeinen annehmen, dafs in gleichen Breiten gleiche Quantitäten Wasser verdunsten. Eben so viel Wasser als daher aus dem *Kaspischen* Meer durch Verdunstung fortgeführt wird, wird von gleichen Flächen und in gleichen Breiten des *Ocean* fortgeführt werden. In jenem Binnenmeer ersetzen die Flüsse das verdunstete Wasser, im *Ocean* können diefs nur Meeresströmungen aus höheren Breiten, wo Verdunstung geringer als in niedern ist. Dieses Verhältnifs ist jeden Falls eine mitwirkende Ursache der Polarströme.

---

[1]) Gilbert's Ann. B. LXIII, S. 139.

Kapitel VIII.

Dislocationen in den Steinkohlenformationen. Bildung der Eisenoxydulcarbonate und der Thonsteine.

In keinem Gebirge sind die Bedingungen zur Dislocation der Schichten in höherem Grade gegeben als in der Steinkohlenformation. Der vegetabilische Detritus mufs einen bedeutenden Verlust an Bestandtheilen erleiden, um sich in Steinkohle umzuwandeln. Je nachdem der Umwandlungs-Procefs diese oder jene Richtung nimmt, liefert das Holz nur 50 % oder sogar nur 25 bis 22 % Steinkohle (Bd. I. S. 759). Da das spec. Gewicht der Steinkohlen bis auf 1,7 steigt, während das des Holzes meist unter 1 sinkt: so tritt bei der Umwandlung gleichfalls eine mehr oder weniger bedeutende Volumen-Abnahme ein. Jene Zahlen können daher noch fast bis zur Hälfte herabsinken.

Wenn sich nun auf ein Lager von vegetabilischem Detritus eine Gesteinschicht absetzt: so wird diese so lange fortsinken, bis die Umwandlung jenes Detritus in Steinkohle vollendet ist. Geht diese Umwandlung ungleich von Statten: so werden auch die Senkungen ungleichförmig.

Obgleich nicht erschöpfend, so kommt man doch annähernd zur Erklärung der wunderlichen Dislocation der Kohlenflötze und der mit ihnen wechselnden Gesteinschichten, wenn man die bis jetzt unbeachtet gebliebenen bedeutenden Volumen-Verminderungen bei Umwandlung vegetabilischer Substanzen in Kohle auf nassem Wege ins Auge fafst. Was bei der Umwandlung der vegetabilischen Substanzen fortgeführt wird, entweicht gröfstentheils im gasförmigen Zustande als Kohlenwasserstoff- und Kohlensäuregas. Angenommen, die rückständige Steinkohle betrage 50 % von den vegetabilischen Substanzen: so beträgt das, was entweicht, nahe eben so viel. Fafst man nun die ungeheure Masse Steinkohle, welche in mächtigen Kohlengebirgen aufgespeichert liegen, in das Auge: so kann man die nahe eben so grofsen Massen Kohlenwasserstoff- und Kohlensäuregas, welche entweichen mufsten, schätzen.

In Steinkohlenformationen, in welchen Kohlenwasserstoff- und Kohlensäuregas-Exhalationen vorkommen, ist diese Umwandlung noch nicht vollendet.

Das Kohlenwasserstoffgas ist ein kräftiges Reductionsmittel. Es reducirt das Eisenoxyd schon unter 288° R. zu Eisen. Was bei dieser Temperatur schnell erfolgt, kann wohl bei gewöhnlicher in einer langen Zeit langsam von Statten gehen.

Meine Untersuchungen (B. III, S. 866) haben zu dem Resultate geführt, dafs faulende organische Substanzen stets die Reductionsmittel des gediegenen tellurischen Eisens sind. Wiederholt wurden Thatsachen angeführt, welche die Reduction des Eisenoxyd zu Eisenoxydul durch solche Substanzen nachweisen. Es kann nicht zweifelhaft sein, dafs das, was feste und flüssige organische Substanzen vermögen, auch der gasförmige Kohlenwasserstoff zu Stande bringen wird. Wirkt daher dieses Gas auf Eisenoxyd im Schieferthon nur so weit reducirend, dafs es dieses in Eisenoxydul umwandelt, so sind die Bedingungen zur Bildung von kohlensaurem Eisenoxydul gegeben.

Das brennbare Gas, welches aus der Steinkohlen-Formation strömt, ist nicht reines Kohlenwasserstoffgas; es enthält wie das aus Sümpfen etwas Kohlensäuregas. Die aus den Steinkohlen-Gruben bei *Saarbrücken* und im Fürstenthum *Schaumburg* entweichenden Gase, die ich untersucht habe, (B. I, S. 729) entwickeln sich aus Wasser. Der gröfste Theil des Kohlensäuregases war daher von demselben absorbirt worden. Die ganze Menge konnte defshalb nicht bestimmt werden. In anderen von Chemikern analysirten Gasen stieg die Kohlensäure bis auf 4,44%. Selten werden aber solche Exhalationen in gar keine Berührung mit Wasser kommen, mithin ursprünglich reicher an Kohlensäure sein.

Die Gase dringen in die hangenden Gesteinschichten des Kohlengebirges: in den Kohlensandstein und in den Schieferthon. Auf jenen können sie nur wenig oder gar nicht zersetzend wirken, desto mehr aber auf dieses Silicatgestein. Die Kohlensäure zersetzt die alkalischen und alkalisch-erdigen Silicate, die Gewässer führen die gebildeten Carbonate fort. Ist Eisenoxydulsilicat vorhanden: so wird auch dieses zersetzt und als Carbonat fortgeführt. Das Eisenoxydsilicat erliegt denselben Processen, nachdem das Eisenoxyd durch das Kohlenwasserstoffgas zu Oxydul reducirt worden ist. Zu der in den Exhalationen vorhandenen Kohlensäure kommt diejenige, welche bei der Reduction des Eisenoxyd zu Eisenoxydul gebildet wird.

Das von den Gewässern fortgeführte Eisenoxydulcarbonat wird nach Verflüchtigung der halbgebundenen Kohlensäure als neutrales Eisenoxydulcarbonat abgesetzt. Da diese Processe in einem Raum von Statten gehen, der mit Kohlenwasserstoffgas erfüllt ist: so verhindert dieses die Oxydation des Oxydul, welche beim Absatze des Eisenocher aus eisenhaltigen Quellen bekanntlich stattfindet.

Da das Kohlenwasserstoffgas aufwärts strömt, die Gewässer, welche das Eisenoxydulbicarbonat enthalten, abwärts fliefsen: so mufs das Gestein, dessen Eisenoxyde reducirt werden, das Hangende, das Kohlenflötz, aus dem das Gas sich entwickelt, das Liegende sein. Da ein häufiger Wechsel zwischen Kohlenflötzen und Gesteinschichten stattfindet: so können solche Processe in verschiedenen Teufen gleichzeitig von statten gehen.

Nimmt man die Kohlenwasserstoff-Exhalationen zum Maafsstab, die in der Jetztzeit in manchen Steinkohlengruben in solcher Menge von Statten gehen, dafs durch ihre Entzündung die heftigsten Explosionen entstehen: so begreift man, wie in früheren Zeiten, in den ersten Stadien der Steinkohlen-Bildung, wo diese Exhalationen wahrscheinlich noch bedeutender waren als jetzt, jene Processe während langer Zeiträume angehalten und mächtige Eisenstein-Lager geliefert haben werden.

Wir sind im Stande, die durch diese Processe zersetzten Gesteine in manchen Steinkohlenformationen nachzuweisen. Mein Sohn Carl fand in der Steinkohlenformation bei *Saarbrücken* ein Gestein, welches sich auszeichnete durch seinen grofsen Gehalt an Thonerde und seinen geringen an anderen Basen. Später fand er solche Gesteine auch in den Steinkohlenformationen in *Schlesien*. Diese Gesteine liefern das beste Material für feuerfesten Thon und für diesen Zweck werden sie auch gefördert. Hier die von meinem Sohne ausgeführten Analysen dieser Thonsteine:

	I.	II.	III.	IV.
Kieselsäure, chemisch gebundene	38,05	41,02	39,63	23,90
Kieselsäure als Sand	11,50	8,20	4,63	23,95
Thonerde	35,19	33,14	35,98	34,25
Eisenoxyd	0,31	0,46	1,00	0,85
Kalk	0,45	0,25	1,42	0.90
Magnesia	0,31	0.14	0,85	0,25
Alkalien	1,13	0,56	1,60	1,26
Glühverlust, Wasser und Kohle	13,70	15,95	14,99	14,90
Schwefel als Eisenkies	Spuren.	Spuren.	Spuren.	Sehr geringe Menge.
	100.64	99,72	100,10	100,26

I. aus den Steinkohlenformationen bei *Saarbrücken*.

II. aus den Steinkohlenformationen im *Waldenburgischen* in *Schlesien*.

III. aus den Steinkohlenformationen bei *Garnkirk* in *Schottland*.

IV. von unbekanntem Fundorte.

Die nicht sehr weit von einander abweichenden Resultate der Analyse dieser Thonsteine lassen schliefsen, dafs die Gesteine, aus denen sie hervorgegangen sind, ähnliche waren, und dafs gleiche Zersetzungsmittel gewirkt hatten. Obgleich die Fundorte der Thonsteine I., II. und III. sehr weit von einander abliegen, so sind sie doch Erzeugnisse in gleichen Formationen. Jene Schlüsse rechtfertigen sich daher.

Zur Vergleichung folgen von mir ausgeführte Analysen von Schieferthonen:

	V.	VI.	VII.	VIII.	IX.
Kieselsäure	61.91	67,35	68,50	72,94	75,01
Thonerde	21,73	20,66	18,10	16.66	17,57
Eisenoxydul	4,73	—	—	5,61	—
Eisenoxyd	—	2,55	3,62	—	1,02
Kalkerde	0,09	Spur	Spur	—	0,23
Magnesia	0,59	0,60	0,81	0,85	0,24
Kali	3,16	—	—	1,40	—
Natron	0,25	—	—	0,75	—
Org. Substanz	0,70	—	—	—	—
Wasser oder Glühverlust	6.73	6,70	7,78	2,20	6,30
	99,89	97,86	98,81	100,41	100,37

V. Schieferthon aus dem Liegenden eines Steinkohlenflötzes in *England*, nach Frankland[1]).

VI. bis IX. Schieferthone aus dem Steinkohlengebirge von *Saarbrücken*, nach meinen Analysen. VI., VIII. und IX. im Liegenden der Steinkohlenflötze, VII. aus der Mitte eines Steinkohlenflötzes, VI. und VII. waren durch kohlige Theile grau gefärbt, VIII. war blaſsgrün, IX. fast weiſs. Auf Alkalien wurde in VI., VII. und IX. nicht geprüft, wahrscheinlich rührt aber der Verlust in VI. und VII. von ihrer Gegenwart her.

Die Vergleichung dieser Analysen mit den vorhergehenden macht die Umwandlung der Schieferthone in Thonsteine denkbar. Beschränken wir uns auf die Schieferthone VI.—IX. und den Thonstein I, welche in derselben Steinkohlenformation vorkommen: so wird diese Annahme um so wahrscheinlicher. Der gröſste Theil der alkalischen Basen und des Eisenoxyd, sowie ein Theil der Kieselsäure in VII. und VIII. wurden fortgeführt; die Thonerde nahm relativ zu.

In Gruben in der Gegend von *Bochum* in *Westphalen* kommen sogenannte Blackbands vor, welche ein beiläufig 2 Fuſs mächtiges Flötz zwischen Kohlensandstein und Schieferthon, eben so regelmäſsig wie diese gelagert, bilden. Es folgen 5 Analysen dieser Blackbands, I., II., III., IV. von Schnabel[2]), V. von Heſs[3]).

	I.	II.	III.	IV.	V.
Eisenoxydulcarbonat	77,72	47,24	69,99	35,30	60,15
Manganoxydulcarbonat	0,21	—	0,78	—	—
Kalkcarbonat	1,02	—	0,14	0,41	1,53
Magnesiacarbonat	2,51	4,40	3,67	1,57	2,40
Kalksulphat	1,05	—	Magnesia 0,13	Kalk 0,64	0,29
Eisenoxyd	1,30	7,46	7,77	5,93	—
Thonerde	0,77	—	0,52	8,67 (als Silicate)	6,64
Kalk		—	—	0,68 (als Silicate)	—
Magnesia	—	—	—	0,35 (als Silicate)	—
Eisenoxyd	—	—	—	1,16 (als Silicate)	0,94
Kieselsäure	0,93	0,81	1,92	20,23 (als Silicate)	1,03
Kohle	14,61	35,34	11,76	20,07	21,27
Wasser	0 92	4,14	3,01	5,09	4,96
	100,04	99,39	99,69	100,10	99,21

[1]) Memoirs of the Geol. Survey of Great Britain. Vol. I, p. 479.

[2]) Poggendorff's Ann. B. LXXX. S. 441.

[3]) Ebendas. B. LXXVI. S. 113.

Die Bildung der in vorstehenden Analysen bis auf 35% steigenden Kohle ist sehr schwierig zu begreifen. An ein Einführen durch Gewässer ist nicht zu denken. Die Annahme, dafs es ein sehr bituminöser Schiefer war, der zersetzt wurde, indem die flüchtigen Bestandtheile entwichen und die Kohle zurückblieb, mag so lange gelten, als nicht eine bessere Erklärung gefunden wird. Dafs es ein Silicatgestein war, in welchem sich das Eisenoxydulcarbonat absetzte, zeigen die Reste von Silicaten im Blackband IV.

Die Pseudomorphosen weisen Verdrängungen einer Substanz *A* durch eine andere *B* nach. Die schwerlöslichsten Substanzen werden verdrängt, wie z. B. Quarz durch Speckstein. Es ist daher denkbar, dafs die Gewässer, welche Eisenoxydulcarbonat absetzten, dagegen Silicate fortführten. Da hierbei die halbgebundene Kohlensäure frei und vom Wasser aufgenommen wird: so wirkt dieses sogar zersetzend auf die Silicate und befördert dadurch ihre Fortführung.

Je schwieriger die Erklärung geologischer Processe, desto mehr Reiz sie zu finden. Möge man unsere Schlüsse für einen Versuch nehmen, etwas Licht in das Labyrinth zu bringen.

Es liegen 96 Analysen von Sphärosideriten aus den Steinkohlenformationen *Grofsbritanniens* vor[1]). Das Eisenoxydul steigt von 26,03% bis 54,12%, mithin das Eisenoxydulcarbonat von 41,92% bis 87,16%.

In 83 Analysen steigen die organischen Substanzen von 0,08% bis 3%, nur in 8 Analysen von 5,2% bis 11,08%.

Die dunkelbraune bis schwarze Farbe vieler Varietäten rührt von kohliger Substanz her. Enthalten sie davon 10% und mehr und nehmen sie zugleich eine lagerförmige Absonderung an, so werden sie Kohleneisensteine (blackband-ironstones) benannt.

In 88 Analysen wurden die unlöslichen Rückstände analysirt. Sie betragen 1,21% bis 50,51%.

An der Bildung der Sphärosiderite, welche in ausgedehnten Lagern in der Braunkohlenformation vorkommen,

---

[1]) Metallurgie von John Percy, übersetzt von Knapp und Wedding. B. II. S. 291—304.

scheinen Kohlenwasserstoff-Exhalationen nicht Theil genommen zu haben, da diese dort fehlen. Die Umwandlung der Pflanzensubstanzen in Braunkohle scheint daher eine andere Richtung als bei der Umwandlung in Steinkohle genommen zu haben. Sind es nicht Gase, welche reducirend wirkten: so mufs man annehmen, dafs die Pflanzenreste als solche diesen Dienst leisteten, wenn sie mit Eisenoxydsilicaten, die sich im Braunkohlenthon meist reichlich finden, gemengt sind. Sollten auch zur Zeit der Braunkohlenbildung Kohlenwasserstoff-Exhalationen nicht stattgefunden haben: so konnten doch Kohlensäure-Exhalationen nicht gefehlt haben, denn eine Zersetzung vegetabilischer Substanzen ohne Kohlensäure-Entwicklung ist nicht denkbar.

Die Bildung des Eisenoxydulcarbonat durch die in Betracht gezogenen Processe zeigt auf eine eclatante Weise den Einflufs organischer Substanzen auf die Bildung unorganischer Stoffe, welche Reductionsprocesse fordern. Ein Pflanzenreich mufste vorausgehen, ehe jenes Eisenerz geschaffen werden konnte. Zwei Processe, die Bildung der Steinkohle und des Eisenoxydulcarbonat griffen in einander.

Kapitel IX.

Umwandlung und Zersetzung der Gesteine. Thon das Endproduct der Zersetzung.

Die Umwandlung klastischer Massen in krystallinische ist ein Act, der unsere Aufmerksamkeit in hohem Grade in Anspruch nimmt. Die gleichsam schlummernde Krystallisationskraft in jenen Massen kommt zum Erwachen.

Hauptproducte dieses metamorphischen Processes sind Feldspath, Glimmer und Quarz. Die Elemente dieser Mineralien sind im Thonschiefer gegeben. Chemische Processe sind es, welche gemengte Substanzen in gemischte umwandeln. In den meisten Fällen beschränken sich die chemischen Processe blos auf eine theilweise Zersetzung der Silicate und Ausscheidung der Kieselsäure, welche theils in der ganzen Masse vertheilt, theils in Schnüren, Adern, Drusenräumen und Gängen der Thonschiefer sich findet. Häufig schliefst mit dieser theilweisen Zersetzung die Metamorphose des sedimentären Gesteins, namentlich des Thonschiefers und der Grauwacke.

An die Stelle der Metamorphose treten nun die Zersetzungsprocesse durch die Atmosphärilien, denen vorzugsweise die Feldspathe unterworfen sind. Thon (Kaolin) ist das Endproduct der Zersetzung. Er setzt sich theils da ab, wo er entstanden ist, theils wird er durch Gewässer fortgeführt und findet im Meer seine letzte Lagerstätte.

Mit diesem Zersetzungsproduct hat die Metamorphose ihr Ende erreicht. Die bildsame Natur vermag zwar Mineralien aus den Bestandtheilen des Thons (Andalusit, Chiastolith und Cyanit) zu erzeugen; da sich aber diese Thonerdesilicate nicht im Thon finden: so ist zu schliefsen, dafs sie auf directem Wege nicht gebildet werden können. Sie sind daher für Producte metamorphischer Processe zu halten.

Als ein Product der beginnenden Metamorphose erscheint der Chiastolith, der sich bei weitem am häufigsten im Thonschiefer findet. Der Andalusit kommt am häufigsten im Glimmerschiefer vor. Er scheint daher ein contemporäres metamorphisches Product des Glimmer zu sein.

Diese Bemerkungen verleihen jener Schlufsfolge, dafs der Thon das Endproduct der Zersetzung ist, Beweiskraft. Die Bildung jener Thonerdesilicate im Thon würde nur eine Krystallisation desselben fordern.

Wenn aber dies nicht möglich ist: so ist es völlig undenkbar, dafs zusammengesetzte Silicate in demselben gebildet werden können. Im Thon haben daher die chemischen Processe im Mineralreich ihr Ende erreicht.

Dagegen ist er vorzugsweise die Basis der chemischen Processe des Pflanzenwachsthums und liefert den Pflanzen die ihnen nöthigen Silicate, die Reste der Gesteine, aus denen er entstanden ist.

Die Bildung des Thons durch Zersetzung der Silicatgesteine ist ein Procefs, der nie zum Abschlufs kommen wird. Die Thonlager sind daher eine wachsende Gröfse, welche es möglich macht, dafs sich das Pflanzenreich immer mehr ausbreiten kann.

Der Thon bietet merkwürdige Verhältnisse dar, welche bis jetzt unbeachtet geblieben sind. Wir beziehen uns auf die von Fresenius [1]) unternommenen Thon-Analysen aus dem ehemaligen Herzogthum *Nassau*, welche einen besondern wissenschaftlichen Werth haben.

Nach einer mechanischen Sonderung durch Schlämmen bestehen sie aus:

	I.	II.	III.	IV.	V.
Sand	35,97	23,84	19,44	19,93	16,32
Thon	57,34	70,73	71,66	71,70	74.82
Wasser . . .	6,11	5,43	8,90	8,37	8,86
	99,42	100,00	100,00	100,00	100,00

Nach der chemischen Analyse bestehen sie nach dem Trocknen in der Siedhitze des Wassers, aufser Spuren von Natron (in einem Falle 0,33 %), Manganoxydul, Ammoniak, Schwefelsäure, Phosphorsäure, Chlor, organischer Materie, aus

[1]) Jahrbücher des Vereins für Naturkunde in *Nassau*, 1852, S. 154.

	I.	II.	III.	IV.	V.
Kieselsäure . .	77.03	75,44	62,78	68,28	64,80
Thonerde . .	14,06	17,09	25,48	20,00	24.47
Eisenoxyd . .	1,35	1,13	1.25	1,78	1,72
Kalk	0,35	0,48	0,36	0,61	1,08
Magnesia . . .	0,47	0,31	0.47	0,52	0,87
Kali	1.26	0,52	2,51	2,35	0,29
Wasser . . .	5,17	4,71	6,65	6,39	6,72
	99.69	99,68	99,50	99,93	99,95

I. von *Hillscheid*, II. von *Bendorf*, III. von *Baumbach*, IV. von *Grenzhausen*, V. von *Ebernhahn*.

Denkt man sich den Zersetzungsprocefs des Silicatgesteins, welcher diese Thone geliefert hat, in seiner Vollendung so, dafs nur die wesentlichen Bestandtheile übrig geblieben wären: so würden die Mischungsverhältnisse sein:

	I.	II.	III.	IV.	V.
Kieselsäure . .	84.56	81,53	71,13	77,34	72,59
Thonerde . .	15,44	18,47	28,87	22,66	27,41
	100,00	100,00	100,00	100,00	100,00

Im Allgemeinen haben wir uns die Zersetzung eines Silicatgesteins in Thon so zu denken, dafs die mit Kohlensäure mischbaren Basen (Kalkerde, Magnesia, Alkalien, Eisenoxydul, Manganoxydul) als Carbonate mehr oder weniger durch Gewässer fortgeführt werden und die Thonerde mit Kieselsäure verbunden zurückbleibt.

Unter den Basen der Silicatgesteine ist das Eisenoxydul diejenige, welche als Bicarbonat in geringster Menge von den Gewässern fortgeführt wird. Je mehr daher ein Gestein Eisenoxydul enthält, desto reicher an Eisen ist der aus ihm entstandene Thon. Das zeigt namentlich der Thon, welcher ein Zersetzungsproduct des Basalt ist. In den von mir analysirten Basalten steigt das Eisenoxydul bis auf 29,57 %. Nicht viel weniger würde daher ein aus solchem Basalt entstandener Thon enthalten.

Dagegen liefern die meist eisenarmen Thonschiefer Thone von geringem Eisengehalt. Im Thonschiefer sinkt das Eisenoxydul bis auf 2,68 % herab. Da die von Fresenius analysirten Thone sehr arm an Eisen sind: so ist es sehr wahrscheinlich, dafs sie aus Thonschiefer hervorgegangen sind.

Scheidet sich während dieser Umwandlung Kieselsäure

aus, und wird sie nicht durch Gewässer fortgeführt: so mengt sie sich als Quarz mit dem Thon und bleibt beim Schlämmen zurück. Es ist indefs nicht zu übersehen, dafs in Thonschiefern, deren Kieselsäuregehalt den des an dieser Säure reichsten Feldspath übertrifft, Quarz vorhanden sein mufs. Der beim Schlämmen zurückbleibende Sand kann daher theils von diesem, theils von jenem ausgeschiedenen Quarz herrühren. Der abgeschlämmte Thon wird demnach weniger Kieselsäure und mehr Thonerde enthalten, als der Thonschiefer, aus welchem er hervorgegangen ist.

Die Ausscheidung der Kieselsäure aus dem Thonschiefer ist eine Thatsache. Man braucht nur auf die Quarzgänge und Quarzadern im Thonschiefergebirge, sowie auf den Kieselsäuregehalt in den aus diesem Gebirge kommenden Quellen zu verweisen. Diese Kieselsäure-Ausscheidung wird um so sparsamer, je mehr der Thonschiefer die dem Thon eigenthümliche wasserdichte Beschaffenheit annimmt.

Um den Zersetzungsprocefs der Silicatgesteine durch ein Beispiel zu erläutern, haben wir folgende Calculation angestellt.

Bringen wir in den Analysen des Thonschiefer, welche das Minimum und Maximum der Thonerde und der Kieselsäure enthalten [1]), die unwesentlichen Bestandtheile in Abzug: so bleiben für die wesentlichen Bestandtheile folgende Verhältnisse übrig:

Minimum der Thonerde	10,64
Kieselsäure	54,57
	65,21
Maximum der Thonerde	36,01
Kieselsäure	47,08
	83,09
Minimum des Kieselsäure. . . .	45,99
Thonerde	16,05
	62,04
Maximum der Kieselsäure . . .	78.00
Thonerde	9,73
	87,73

[1]) Meine Geologie. B. III, S. 104, VII., IV., I., VIII.

Zur Vergleichung der Zusammensetzungen der Thonerdesilicate, welche nach gänzlicher Ausscheidung der mit Kohlensäure mischbaren Basen übrig bleiben, mit der obigen dritten Zahlenreihe der von Fresenius analysirten Thone, reduciren wir jene Zusammensetzungen auf Procente. Es ergeben sich folgende Resultate. Die römischen Nummern beziehen sich auf die citirte Stelle in meiner Geologie.

	VII.	IV.	I.	VIII.
Kieselsäure	83,68	56.66	88,91	74,13
Thonerde	16,32	43.34	11,09	25,87
	100,00	100,00	100,00	100.00

VII. stimmt so nahe mit I. überein, und VIII. mit V., dafs jene beiden Thonschiefer, wenn sie alle mit Kohlensäure mischbaren Basen verlieren, sich in diese beiden Thone umwandeln werden.

Vorbenannte Thonschiefer können daher 12,27 bis 37,96 % an ihrer Masse verlieren durch vollständige Zersetzung in Thon. Diese Zahlen sind jedoch Maxima, denn schwerlich wird jemals ein reines Thonerdesilicat zurückbleiben.

Es müssen daher bedeutende Senkungen durch diese Zersetzungen im Thonschiefergebirge eintreten.

Das reinste Thonerdesilicat ist durch Zersetzung des Feldspath entstandener Kaolin.

Kapitel X.

Erweichbarkeit des Thons und Versuche in Beziehung auf die Entstehung der Bergschlipfe und Erdbeben.

Eine Reihe von Versuchen wurde vor fünf Jahren angestellt, um die Ortsveränderungen, welche Erdbeben herbeiführen, nachzuahmen. Die Resultate dieser Versuche habe ich im Kapitel LVII, Erdbeben und Bergschlipfe, S. 562 veröffentlicht.

Nach dem Drucke dieses Kapitels habe ich meine Untersuchungen fortgesetzt und mich bemüht, durch Versuche das zu begründen, was als wahrscheinliche Ursache dieser Naturerscheinungen anzunehmen ist, nämlich die Erweichbarkeit und leichte Beweglichkeit der Schichten (a. a. O. S. 489).

Plötzliche Dislocationen liegender Gebirgsschichten müssen es sein, welche Ortsveränderungen im Hangenden herbeiführen. Wenn jene weichen: so müssen diese nachfolgen.

Gibt es Schichten, welche in kurzen Zeiten so erweichen, dafs sie beweglich werden: so verliert das, was sie tragen, die Unterlage. Der Bergmann, welcher z. B. Steinkohlen fördert, trägt Sorge, dafs hangende Gesteinschichten durch den Grubenbau ihre Unterlage nicht verlieren. Gleichwohl geschieht es, dafs Einstürze erfolgen, die bis zur Oberfläche reichen. Es sind künstliche Erdbeben.

Wir kennen nur e i n e Gebirgsschicht, die durch Wasser erweichbar ist, nämlich den Thon, der durch Aufnahme von Wasser so erweicht, dafs er beweglich wird. Es kann aber auch geschehen, dafs er auf der Oberfläche so schlüpfrig wird, dafs auf ihm gelagerte nicht erweichbare Schichten, wenn sie eine geneigte Lage haben, zum Rutschen kommen und Bergschlipfe entstehen.

Für unsere Versuche blieb kein anderes Material als der Thon übrig.

Durch nachstehende Versuche I. und II. sollte ermittelt werden, ob Erdbeben eintreten können, wenn während langer Zeit Wasser zwischen einem horizontalen Thonlager und einem darauf liegenden Gestein langsam sickert. Dazu diente der in Fig. 7 abgebildete Apparat:

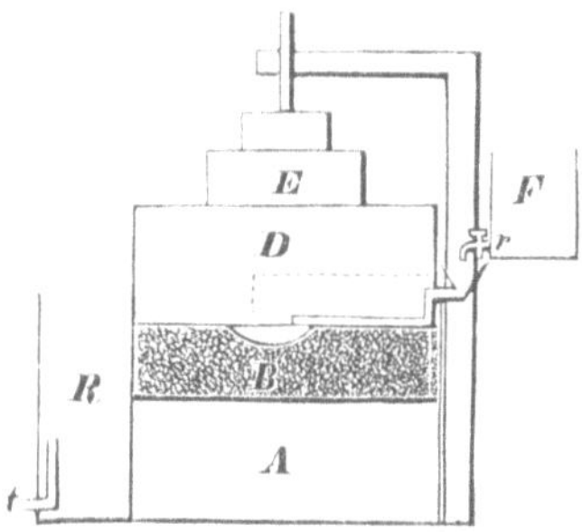

Fig. 7.

A Bodenstein aus Trachytconglomerat;

B eine aus anstehendem Löss geschnittene 2″ dicke Platte von 25 Pfund Gewicht. Zu allen folgenden Versuchen dienten solche oder aus anstehendem Thon (Lehm aus dem Rheinthal) geschnittene Platten;

D Deckstein aus Trachytconglomerat;

E ein Eisenklotz zur gröfseren Belastung des Decksteins *D*;

F ein mit Wasser gefülltes Gefäfs mit einer Seitenröhre und einem Hahn *r*, durch welchen das Wasser in den Thon *B* fliefst;

R leerer Raum, in welchen das vom Thon abfiltrirte Wasser fliefst und aus welchem es durch die Röhre *t* ausfliefst.

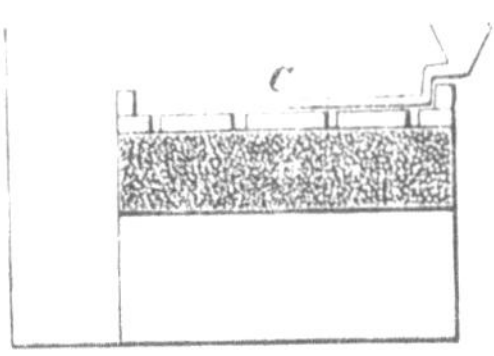

Fig. 8.

Um das einfliefsende Wasser in vielfache Berührung mit dem Löss zu bringen bringen, wurde eine Platte von Trachytconglomerat *C* (Fig. 8) an 12 Stellen durchbohrt, und zwischen *B* und *D* (Fig. 7) eingeschoben.

Versuch I. mit dem Apparat Fig. 7. Nachdem das Wasser 30 Stunden lang in die Lössplatte gedrungen war, war der Deckstein *D* um 0″,05 gesunken. Nach 59 Tagen betrug die ganze Senkung 0″,1. Das Gewicht des während dieser Zeit durchgelaufenen Wassers war 488 Pfd. Die ganze Belastung betrug 133 Pfd.

Versuch II. mit dem Apparat Fig. 8. Nach 46 Tagen war der Deckstein um 0″,3 gesunken. Das Gewicht des durchgelaufenen Wassers war 304 Pfd. Die ganze Belastung 171 Pfd.

Die geringen Senkungen in diesen beiden Versuchen zeigen, dafs das Wasser nur sehr wenig vom Löfs fortgeführt hatte.

Die folgenden Versuche hatten den Zweck, zu ermitteln, wie sich Thonlager verhalten, wenn sie seitwärts mit Wasser in Berührung kommen. Dazu diente der Apparat Fig. 9.

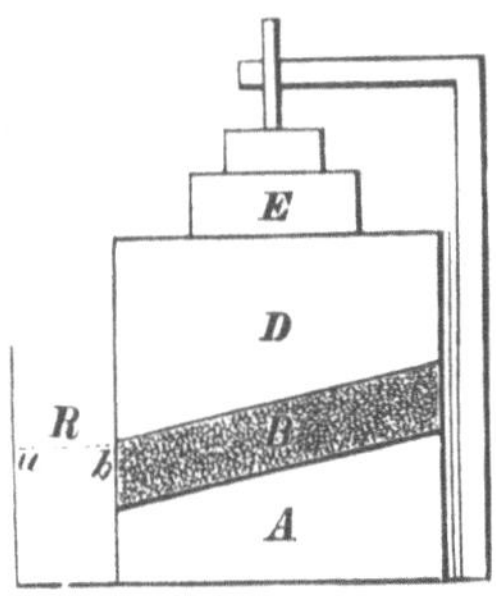

Fig. 9.

A Bodenstein; *B* Thonplatte; *D* Deckstein; *E* Eisenklotz; *R* Raum mit Wasser gefüllt bis *a b*, welches seitwärts in die Lage *B* allmälig drang.

Versuch III. Die Thonplatte wog 18,6 Pfund und war 2″ dick. Der Deckstein wog 40 Pfd., der Eisenklotz fehlte. In 5 Tagen nach dem Eingiefsen des Wassers waren bei *b* 3″,2 von der Thonplatte durch das ruhig stehende Wasser abgeschlämmt worden, und der Deckstein war um 0″,1 gesunken. In 12 Tagen waren 6″,5 weggeschlämmt worden, und die Kante des Decksteins lag unterhalb *b* auf dem Bodenstein. Der Deckstein war nun um 1″,3 gesunken.

Versuch IV. Die Thonplatte wog 25 Pfd. und war 2″ dick. Der Deckstein wog 78 Pfd. Um den Druck noch mehr zu steigern, wurde der Eisenklotz von 93 Pfd. Gewicht auf den Deckstein gelegt. In 15 Minuten nach dem Eingiefsen des Wassers war der Deckstein 0″,1 gesunken. In 30 Minuten war die Thonplatte soweit erweicht worden, dafs sie das Gewicht von 171 Pfd. nicht mehr tragen konnte. Sie wurde plötzlich ausgequetscht, der Deckstein sank, und der darauf gelegene Eisenklotz wurde über den Rand des Kastens auf den Fufsboden herabgeschleudert.

Versuch V. Der vorige Versuch wurde wiederholt.

Schon nach 15 Minuten wurde der Eisenklotz herabgeschleudert, und der Deckstein auf dem Bodenstein um 2″,5 heruntergeschoben.

Versuch VI. Statt der Thonplatte eine aus Löfs ausgeschnittene 10″ lange, 8″ breite und 2″ dicke Platte von 25 Pfd. Gewicht. Bodenstein und Eisenklotz wie in den vorhergehenden Versuchen. In 1 Stunde nach dem Eingiefsen des Wassers wurde der Eisenklotz herabgeschleudert.

Versuch VII. Bei Wiederholung des vorigen Versuchs stürzte der Eisenklotz schon 15 Minuten nach dem Eingiefsen des Wassers herab, und der Deckstein rutschte 2″,5 auf dem Bodenstein herunter.

In den Versuchen III.—VII. war der Bodenstein gegen das Wasser geneigt (Fig. 9). Im folgenden Versuch lag er horizontal wie in Fig. 8, nur mit dem Unterschied, dafs das Wasser nicht von oben herabflofs, sondern wie in Fig. 9 seitwärts eindrang.

Versuch VIII. Lössplatte, Maafse und Gewichte wie im vorhergehenden Versuch. In 45 Minuten nach dem Eingiefsen des Wassers stürzte der Eisenklotz herab, und der Deckstein rutschte 2″,5 herunter.

Versuch IX. Der Bodenstein hatte die entgegengesetzte Neigung (Fig. 10). Lössplatte, Maafse und Gewichte wie im vorhergehenden Versuche. In 65 Minuten stürzte der Eisenklotz herab. Der Deckstein konnte begreiflicher Weise nicht herunterrutschen.

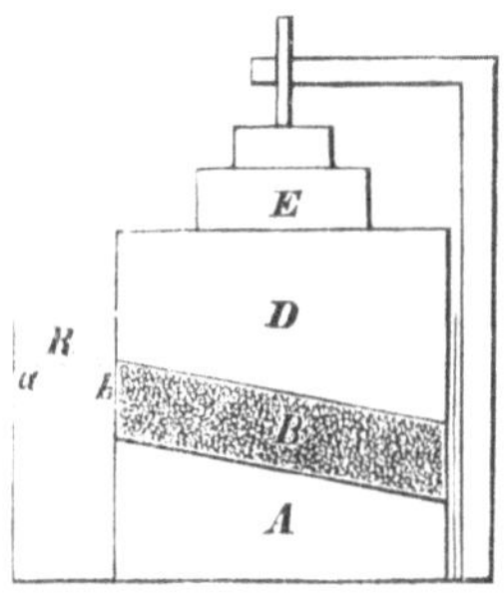

Fig. 10.

Vorstehende Versuche thun dar, dafs Bergschlipfe nur dann Folgen einer durch anhaltendes Regenwetter erzeugten Erweichung von Thonschichten sein können, wenn die Lagerungsverhältnisse von der Art sind, dafs die Regenwasser in denselben stagniren und dadurch die allmähliche Erweichung bewirken. In der untersten Etage der Juraformation spielen z. B. Thone eine bedeutende Rolle. Gelangen dahin Regenwasser und ziehen sie sich in einer durch sie erweichten Thonschicht bis zum Ausgehenden fort: so sind die Bedingungen zur Entstehung von Erdbeben oder Bergschlipfen gegeben. Befindet sich das Ausgehende im Niveau eines durch Regenwetter angeschwollenen Flusses: so dringt die erweichte Masse in denselben und trübt ihn. So führten nach dem heftigen Erdbeben am 16. Nov. 1827, welches *Neu-Granada* verwüstete, der *Magdalenen-* und *Caucafluſs* mehrere Stunden lang schlammige Massen mit sich. (Bd. III. S. 511.)

Die Versuche IV.—VII. zeigen, unter welchen Bedingungen an der Seeküste Bergschlipfe erfolgen können. Die erweichbaren Thonlager müssen, wie vorauszusehen war, gegen die Seeküste geneigt und die auf denselben ruhenden Schichten so mächtig sein, daſs sie einen bedeutenden Druck ausüben. Ist dies nicht der Fall: so findet nur eine allmähliche Senkung statt, wie der Versuch III. zeigt. Daſs indeſs selbst bei horizontaler Lage eines Thonlagers noch Bergschlipfe eintreten können, wenn es nur gehörig belastet ist, ergibt der Versuch VIII.

Der Versuch IX. zeigt, wie Erdbeben eintreten müssen, wenn bei gehöriger Belastung ein Thonlager gegen die Landseite geneigt ist.

Bei unseren Versuchen waren es ruhig stehende Wassersäulen, welche bei gehöriger Belastung so überraschend schnell das Thonlager erweichten. Das Meer ist aber bis zu einer gewissen Tiefe in beständiger Bewegung, sei es durch den Wind oder durch die periodischen Strömungen der Ebbe und Fluth. Dadurch kann das Wegwaschen der an das Meer angrenzenden Thonlager nur begünstigt werden.

Die Erweichung eines Thonlagers von so geringer Dicke reicht daher, wenn auf ihr mächtige Formationen gelagert sind, schon hin, Bergschlipfe oder Erdbeben herbeizuführen.

Wenn unter den Fundamenten des *Kölner Dom's* ein nur 2″ dickes Thonlager sich befände, welches durch eindringendes Rheinwasser erweicht würde: so würde dieses kolossale Gebäude unfehlbar zusammenstürzen; denn die Spitzbogen könnten eine Verschiebung von 2″,5 nicht ertragen. Glücklicher Weise ruhen aber die Fundamente des

Doms nicht auf Thon, sondern auf nicht erweichbaren Sand- und Geröllagern.

Je mächtiger die hangenden Schichten, desto mehr wächst der Druck. Ist ihre Dicke nur 100 Fuſs: so ist er 50mal so groſs, wie in unsern Versuchen mit einem 2′ dicken Deckstein. Die Senkung erfolgt dann eben so schnell, als wir die Stöſse bei Erdbeben wahrnehmen.

Kapitel XI.

Höhlenbildung.

Ehe die Thalbildung durch Erosion begonnen hatte, waren die Meteorwasser so tief in das Innere der Gebirge gedrungen, als leere Räume, Spalten, Klüfte und Absonderung der Schichten reichten. In diesen Räumen stagnirte das Wasser und nahm die durch Zersetzung des Gesteins löslich gewordenen und die an sich schon löslichen Theile auf. Nach dem Eintritt der Thalbildung öffneten sich seitwärts mehr und mehr die mit Wasser erfüllten Räume, je mehr die Erosion fortschritt. Nun kam das stagnirende Wasser in Bewegung, als Quellen floſs es aus, Bäche entstanden, und je mehr diese wuchsen, desto mehr nahm die Erosion zu. Die Bildung der Höhlen nahm ihren Anfang. Je löslicher und je leichter zersetzbar das Gestein, desto schneller schritt diese Bildung fort. Die Höhlen erweiterten sich und wuchsen nach unten in dem Verhältnisse, als benachbarte Thäler durch Erosion ausgetieft wurden.

Die löslichsten unter den Gebirgsgesteinen sind der kohlensaure Kalk, Dolomit und Gyps. Daher finden sich die Höhlen in diesen Gesteinen. Da die Kohlensäure in den Meteorwassern die Lösung des kohlensauren Kalk und der kohlensauren Magnesia bewirkt, und durch Verflüchtigung derselben der kohlensaure Kalk wieder ausgeschieden wird: so erfolgt diese Ausscheidung in Höhlen im Kalkgebirge, in welche kalkhaltige Gewässer tropfen und es bilden sich die Stalaktiten und Stalagmiten. Sind auf der Sohle der Höhlen wasserdichte Absätze entstanden, auf denen das herabtropfende Wasser stagnirt: so bildet sich auch Kalksinter.

Befindet sich die Sohle der Höhlen in der Nähe von

Bächen und Flüssen und in gleichem Niveau mit dem Bette derselben, so sind solche Höhlen der Zuführung schwebender Theile ausgesetzt, welche sich aus dem stagnirenden Wasser darin absetzen. Bei niedrigem Wasserstande fliefst das dadurch geklärte Wasser aus den Höhlen, bei hohem das schwebende Theile enthaltende Flufswasser in dieselben. Durch einen solchen, während langer Zeiträume oft wiederholten Wechsel können bedeutende Absätze gebildet werden.

So lange als Flufswasser in eine Höhle fliefsen konnte, war diese Landthieren unzugänglich. Erst nachdem diese Zuflüsse in Folge fortschreitender Erosion des Flufsbettes aufgehört hatten, und das Wasser zurückflofs, konnte die Höhle von Landthieren bewohnt werden. Finden sich Absätze in hochgelegenen Höhlen, über welchen keine bis zur Oberfläche reichenden Spalten von solcher Weite sich nachweisen lassen, dafs Geschiebe und Knochen durch dieselben von Tagewassern hätten geführt werden können: so bleibt keine andere Annahme übrig, als dafs sie durch Bäche und Flüsse in die Höhlen gekommen sind.

Dies setzt aber voraus, dafs die Höhlenbildung entweder mit der Erosion des Thales, in welchem sich die Sohle der Höhle befindet, gleichen Schritt hielt, oder dafs jene dieser voraneilte; mithin die Thalsohle die bis dahin im Gebirge eingeschlossene Höhle öffnete. Dann trat das Flufswasser in dieselbe, und die schwebenden Theile setzten sich darin ab. Die Erosion der Thalsohle schritt fort. Kam der Flufsspiegel selbst bei hohem Wasserstande unter das Niveau der Absätze: so konnte kein Wasser mehr seitwärts eintreten; die Absätze trockneten aus, wenn nicht Tagewasser herabsickerten.

Werden die hangenden Schichten des Kalkgebirges von den Gewässern weniger angegriffen als die liegenden, ziehen sich durch jene Schichten Spalten, welche den Tagewassern einen raschen Lauf in diese Schichten gestatten: so sind die Bedingungen zur Bildung von Höhlen gegeben. Werden auch, wie es nicht fehlen kann, die Wände der Spalten angegriffen, so sinken die hangenden Schichten und die Spalten verengen sich. Während diese Senkungen allmählich und ganz langsam von Statten gehen, lösen die in die leichter angreifbaren liegenden Schichten kommenden Gewässer um so mehr kohlensauren Kalk auf, je mehr das Gestein zerklüftet ist.

Dafs mächtige mehr oder weniger tief unter der Oberfläche gelegene Kalkschichten durch Gewässer fortgeführt werden können, ohne dafs die auf ihnen gelagert gewesenen Schichten zum Einsturze kommen, zeigen eben die Höhlen. Schwerlich wird man zur Erklärung dieser Erscheinung eine andere Ursache als die nahe liegende, die ungleiche Löslichkeit verschiedener Kalkschichten, je nachdem sie 'mehr oder weniger vom Wasser durchdringbar sind, finden.

Es sei im nebenstehenden Profil Fig. 11 a b die Oberfläche eines zerklüfteten Kalkgebirges und bei m eine Mulde, in der sich Meteorwasser sammelt: so ist bei h die Bildung einer Höhle möglich.

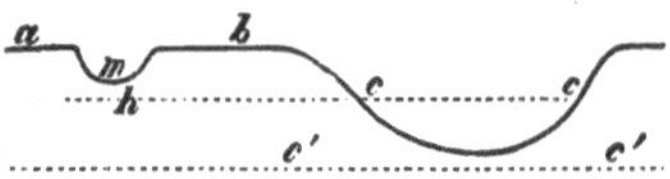

Fig. 11.

Ist c c der Wasserspiegel eines benachbarten Baches: so dringt dessen Wasser seitwärts durch das zerklüftete Gebirge nach h und befördert die Aushöhlung. Es ist klar, dass die Erosion im Bachbette schneller fortschreitet als die Aushöhlung in h; denn dort wird der kohlensaure Kalk nicht blos chemisch durch Lösung, sondern bei weitem mehr mechanisch fortgeführt. Ist durch jene Erosion der Wasserspiegel des Bachs bis c' c' gesunken: so kann Bachwasser nicht mehr in die Höhle h dringen: die Aushöhlung nimmt ab und hört endlich ganz auf, wenn sich der Thalabhang b c durch fortgesetzte Erosion so zurückzieht, dafs er die Höhle erreicht und dieselbe geöffnet wird. Solche Verhältnisse sind die ganz gewöhnlichen. Die Eingänge in die Höhlen in der Nähe von Thälern liegen an den Thalabhängen, meist hoch über der Thalsohle. So liegt z. B. der Eingang in die Höhle bei *Gailenreuth* 800 Fufs über dem Wisentflufs unter einer Dolomitkuppe. Vor der Erosion dieses Thales war daher diese Höhle rings umher vom Gebirge eingeschlossen. So ist es unzweifelhaft an vielen Stellen im Kalkgebirge, wo die Erosion und damit die Thalbildung ihr Ende erreicht hat.

Es gibt Höhlen, in denen auch nicht ein Tropfen

Wasser herabträufelt. Hier waren alle Kanäle durch die nur noch sparsam fliefsenden, schwebende Theile enthaltenden Gewässer verstopft worden. In andern Höhlen tropft noch Wasser hier und da herab. Statt dafs aber diese Tropfen kohlensauren Kalk auflösen wie früherhin, wo das Wasser in zusammenhängenden Strahlen herabflofs, setzen sie ihn ab. Es bilden sich die Stalaktiten und Stalagmiten. Dieser entgegengesetzte Erfolg ist leicht zu erklären, wenn man beachtet, dafs langsam durch das Gestein filtrirende Wasser lösliche Substanzen bis zur Sättigung aufnehmen. Dafs die an der Decke der Höhlen hängenden Tropfen mit kohlensaurem Kalk gesättigt sind, kann man wahrnehmen, wenn man die Tropfen bis zum Niederfallen beobachtet. Sie überziehen sich mit dünnen Häutchen von kohlensaurer Kalkerde.

Das Aushöhlen der Kalkgebirge dauert fort, so lange nicht die Wasserzuflüsse gehemmt werden.

Ein sicheres Zeichen der Existenz verborgener Höhlen sind die im Kalkgebirge so häufigen mächtigen Quellen. Wo Quellwasser ausfliefsen, die wie in *Paderborn* und *Lippspringe* sogleich Mühlen treiben, da müssen grofse mit Wasser erfüllte Höhlen im Innern des Gebirges vorhanden sein.

In einem tiefeingeschnittenen Thale im Kalkgebirge in der Nähe von *Laibach*, wo ich 1859 die drei äufserst trocknen Sommermonate zubrachte, konnte ich keine Verminderung im Ausflusse der zahlreichen und sehr ergiebigen Quellen wahrnehmen. Bedeutende hohle Räume müssen in diesem Gebirge vorhanden sein, um zur nassen Jahreszeit so viel Wasser aufnehmen zu können, als während lange anhaltender trocknen Witterung ausfliefst.

Kapitel XII.

Knochenhöhle zu Gailenreuth.

Diese Höhle ist seit Anfang des neunzehnten Jahrhunderts von Rosenmüller, Esper, Buckland und Goldfuss [1]) beschrieben worden. In einer gehaltvollen Abhandlung des letztern, meines verewigten Freundes, finden sich die Resultate der Forschungen seiner Vorgänger und seiner eigenen. Durch genaue Messungen der Dimensionen der in dieser Höhle vorkommenden fossilen Schädel mit denen der noch lebenden Thiere kam er zu dem Resultat, dafs die Bedingungen zur Existenz dieser Thiere schon in vorhistorischer Zeit gegeben waren, nicht aber diejenigen zur Existenz des Menschengeschlechts. Der Schädel des Höhlenwolfs stimmt in Allem mit dem des jetzt noch lebenden überein, dagegen der der Höhlenhyäne ist so verschieden, dafs man seiner Bildung nach auf eine gröfsere Fressbegierde und Kühnheit derselben schliefsen mufs.

Der geräumige Eingang zur Höhle führt in zwei an einander stofsende, mit Tropfstein überzogene 5 bis 20 Fufs hohe Gewölbe, welche 120 Fufs lang und abwechselnd 25 bis 60 Fufs breit sind. Der Boden der ersten Abtheilung ist mit einer Schicht schwarzer schlammiger Erde bedeckt. Beim Aufbrechen einer Tropfsteinrinde der Sohle fand Esper eine Schicht Kohle mit Urnentrümmern, und unter dieser nach Entfernung einer dicken Steinplatte (war diese Steinplatte Kalksinter?) einen Menschenschädel, eine Schicht animalischer Erde mit Knochen und in der Tiefe ein mit Kalksinter verkittetes Knochen-Conglomerat. Sechs Fufs

---

[1]) Osteologische Beiträge zur Kenntnifs verschiedener Säugethiere der Vorwelt. Verhandl. d. Leop. Carol. Akad. d. Naturf. Bd. XI. 2. Abth.

vom Eingang des ersten Gewölbes findet man einen senkrecht abgeschnittenen, 20 Fuſs tiefen Abgrund. Hier beginnt erst das eigentliche Knochenlager. Es fand sich dort eine tiefe Lage brauner, animalischer Erde mit vielen Knochen. Ein zweiter Abgrund, 18 bis 20 Fuſs tief, ist ebenfalls ganz bedeckt mit thierischer Erde und Knochen.

Esper berechnet die Zahl der innerhalb einiger Jahre gefundenen Schädel auf ungefähr 330. Goldfuss schätzt, daſs gegen 1000 Individuen verschiedener Gattung hier begraben liegen. Die Knochen von verschiedenen Gattungen und von Individuen verschiedenen Alters liegen ohne alle Ordnung neben einander, und sind zum Theil mit einander verkittet. Sie haben zum Theil noch ihre feinsten Hervorragungen, und sind weder abgerieben noch benagt.

In Beziehung auf die Frequenz der in diesen Höhlen begrabenen Individuen ermittelte Goldfuss, daſs ungefähr der Ursus priscus 1 %, Hyaena spelaea 2,5 %, Felis spelaea 2,5 %, Gulo spelaeus 3 %, Canis spelaeus 5 %, Ursus arctoideus 6 %, Ursus spelaeus 80 % betragen. Der Höhlenbär war daher das bei Weitem vorherrschende Raubthier. Reste von Pflanzenfressern hat man in dieser Höhle nicht angetroffen. Früher sollen jedoch Elephantenzähne und ein wahrscheinlich einem Rhinoceros angehörendes Wirbelbein aufgefunden worden sein. Pflanzenfresser scheinen daher nicht Nahrungsmittel der Raubthiere gewesen zu sein; es sei denn, daſs es kleine waren, deren Knochen mit dem Fleische gefressen wurden. Die Raubthiere haben sich mithin gegenseitig aufgefressen, indem die kräftigeren die schwächeren überwanden.

Goldfuss hielt die jähen Abstürze in der *Gailenreuther* Höhle im Widerspruche mit der Ansicht, daſs Raubthiere diese Höhle bewohnt haben sollten; denn, sagt er, es ist nicht zu erklären, wie es diesen Thieren möglich war, über 20 Fuſs tiefe Abgründe in die innersten Abtheilungen der Höhle einzudringen. Kann aber nicht eines der ersten dieser Raubthiere, welches in die Höhle kam, zufällig in einen solchen Absturz gefallen und nach vergeblichen Versuchen heraufzuklettern dort verhungert sein? Ein zweites Raubthier, welches den Braten in der Tiefe roch, kann, von Hunger getrieben, einen Sprung in den Absturz gewagt und nach Verzehrung des Cadavers das Schicksal des Vorgängers getheilt haben. Wahren mehrere Raubthiere nahe am Absturze im Kampfe miteinander: so wurden die schwächern von den stärkern hinabgestofsen. Setzten jene den Kampf unten fort, zerfleischten sie sich gegenseitig, durchwühlten die noch lebenden die Reste der überwundenen, um Nahrung zu, suchen: so konnten miteinander verbundene Knochentheile weit von einander geschoben werden. So erklärt sich die oben erwähnte ordnungslose Lage der Knochen.

Das Material zu der auch in diesen Abstürzen vorkommenden animalischen Erde lieferten wie schon Rosenmüller annahm, die Excremente der darin untergegangenen Raubthiere. Dieses Material häufte sich um somehr, je länger diese Thiere in der durch die gasförmigen Fäulnifsproducte verpesteten Luft leben konnten. Zur Winterzeit, wo die äufsere schwerere Luft in die Höhle drang, und die verpestete verdrängte, wurden die Bedingungen des Lebens begünstigt.

Ueber Nachgrabungen, welche in frühern Zeiten in der *Gailenreuther* Höhle vorgenommen wurden, berichtet Esper [1]) Folgendes: Man kam auf eine Platte von Stein in der ersten Höhle, seitwärts rechter Hand, an dem Felsen auf dem Boden dieser Gruft. Nachdem die etliche Schuh dick liegende Erde und Knochen abgeräumt waren, so zeigte sich's, dafs diese Platte nicht durch die ganze Höhle gestrichen, sondern vorwärts, tiefer zu graben, verstattet hat. Sie hing gegen das hintere Ende mit dem Hauptfelsen zusammen und war sonder Zweifel, mit dem Gebirge selbst entstanden. Durch Untergraben dieses Steines wurden wirklich verschiedene wohl erhaltene Zoolithen zum Vorschein gebracht. Nachdem man eine Kalkschicht durchsunken und etwa 6 Fufs gerade fortgegraben hatte, kam man auf eine Schicht, welche sehr reich an Zoolithen von allerlei Art war. Ganz unerwartet stiefs man auf eine Maxilla von einem Menschen, in welcher noch auf der linken Seite 2 Stockzähne und ein vorderer staken. Nicht

[1]) Nachricht von neuentdeckten Zoolithen, etc. S. 24 ff.

weit davon wurde auch ein Schulterblatt auf das vollständigste, so dafs an dem processu coracoideo nicht einmal etwas verletzt gewesen, gefunden.

Aus dieser Beschreibung ist nicht mit Bestimmtheit zu entnehmen, ob das Nachgraben von oben nach unten oder seitwärts stattgefunden hat. Ob daher die Menschenknochen älter oder jünger als die „Zoolithen“ sind, ist nicht zu entscheiden.

In Höhlen, worin Raubthiere gelebt haben, mufste in Folge der Fäulnifs todter und der Excretionen lebender Thiere die Luft mit pestilenzialischen Dünsten geschwängert gewesen sein. Der Mensch würde es in einer solchen mit den übelsten Effluvien erfüllten Luft nicht lange aushalten können. Der Verunglückte, von dem Esper Knochenüberreste gefunden, könnte daher nur durch einen unglücklichen Zufall sein Grab in der Höhle gefunden haben, oder ein Raubthier hatte ihn überfallen und Theile von ihm in die Höhle geschleppt. Dafür scheint zu sprechen, dafs die Maxilla und das Schulterblatt an verschiedenen Stellen gefunden wurden.

Esper spricht von einer animalischen Erde in der *Gailenreuther* Höhle. Eine chemische Untersuchung dieser Erde erschien mir sehr interessant. Ich wandte mich deshalb an meinen Freund Professor Fr. Pfaff in *Erlangen* und bat mir solche verschaffen zu wollen. Mit grofser Bereitwilligkeit entsprach derselbe meinem Wunsche, indem er seiner Sendung folgende genaue Beschreibung der Höhle selbst beifügte.

Bekanntlich bildet der *fränkische Jura* im Grofsen ein massives Gebirge von ziemlich horizontaler Lage seiner Oberfläche, die als ein eintöniges Plateau erscheint, in das die wenigen Flüsse sich schmale und steil ansteigende Bette gegraben. Diese Eintönigkeit wird durch den Dolomit unterbrochen, der über das Plateau in Kuppenform, bald da bald dort auch nur in einzelnen Felsen hervorragt. Um *Muggendorf* herum sind nach meinen Messungen die höchsten Dolomitkuppen 900—1000′ über der Thalsohle.

Das Profil Fig. 12 vom Thal der *Wisent* durch die *Gailenreuther* Höhle ist ungefähr Folgendes. Bei a der Flufsspiegel, b *Gailenreuth*, $^1/_4$ Stunde von diesem Ort entfernt

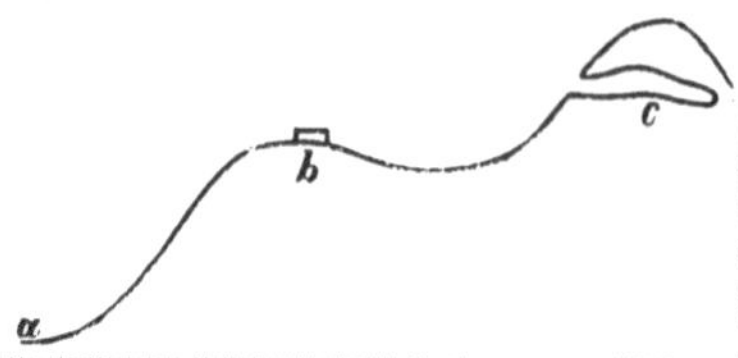

Fig. 12.

in einer der Dolomitkuppen bei c ist die Höhle, mindestens 800 Fufs über dem Flufsspiegel. Was die Lage und die Form des Einganges betrifft, so ist dieselbe so, dafs sie sich ein Bärenkönig nicht besser hätte wünschen können. Man steigt ganz bequem von dem Plateau etwa 80 Fufs in die Höhe und kommt dann an eine mächtige Felswand, die durch ein natürliches, etwa 8 Fufs hohes Portal unmittelbaren Eingang auf den ganz eben sich fortziehenden Boden der ersten Höhle gestattet, aus der sich die übrigen Grotten verzweigen.

Auf meine Frage, ob Geschiebe in der *Gailenreuther* Höhle vorkommen, erwiederte Pfaff, dafs in der Höhle alle Spuren von Geschieben oder Rollsteinen fehlen. Schwieriger möchte allerdings die Frage zu beantworten sein, wie in die hinteren Verzweigungen dieser Höhle Knochen und Erde gelangt seien, da diese gegenwärtig zum Theil nur durch sehr schmale und niedere Gänge mit der Hauptsohle in Verbindung stehen. Möglich wäre es aber, dass erst durch spätere Tropfsteinincrustationen diese Gänge so verengt worden sind, oder dafs auch andere nach aufsen führende ganz verschlossen wurden. Die Steinbrucharbeiten, welche die durch Schmerling so berühmt gewordenen Höhlen bei *Lüttich* zerstörten, haben ja solche früher offene und später ganz verstopfte Gänge deutlich blosgelegt. In den Kalkgebirgen ist eine derartige Veränderung nur zu leicht möglich.

Pfaff hegt nicht den geringsten Zweifel, dafs die Höhle bewohnt war, es ist wenigstens ganz undenkbar, dafs durch eingeschwemmte Knochen oder Leichen eine so ungemein dicke Lage dieser an organischen Substanzen so reichen Erde sich hatte bilden können.

Pfaff sandte mir 2 Proben Erde aus der *Gailenreuther* Höhle: A aus der grofsen Eingangsgrotte etwa 30 Fufs vom Eingange selbst, B aus der letzten Grotte, in welcher sich die meisten Knochen fanden. Beide Proben sind aus einer Tiefe von 4 Zoll unter der Oberfläche entnommen.

Bei der chemischen Untersuchung der Erden aus der *Gailenreuther* Höhle kam es hauptsächlich auf die Ermittelung und Bestimmung der Phosphorsäure an, da diese nur von den Knochen und von verfaultem Fleische der Raubthiere herrühren konnte.

A. Die braune Erde hatte einen moderigen Geruch. Sie enthielt grössere und kleinere Brocken, welche sich in Salzsäure bis auf unbedeutende Rückstände auflösten. Die Erde wurde geschlämmt und das in der Siedhitze des Wassers getrocknete abgeschlämmte feine Pulver analysirt. Sie enthielt nach der Untersuchung meines Sohnes Carl:

Kohlensauren Kalk	27,75
» Magnesia	3,55
Eisenhaltige Thonerde	9,355
Organische Bestandtheile. abgeschieden durch Röstung des in Salzsäure unlöslichen Rückstandes	10,53
Rückstand unlöslich in Salzsäure, gröfstentheils aus Quarzsand bestehend	46,87
	98,055

Die Erde enthielt daher keine Reste verfaulter Knochen von Raubthieren.

B.

Es wurde abgeschlämmt	32,56
Die rückständigen Brocken betrugen	67,44
	100,00

Durch Rösten der abgeschlämmten Erde wurde verflüchtigt	46,32
Der Rückstand betrug	53,68
	100,00

Die abgeschlämmte Erde enthielt 9,172 % Phosphorsäure, mithin bedeutende Reste thierischer Substanzen.

Aufserdem enthielt die abgeschlämmte Erde in Procenten:

Kohlensaure Kalkerde	88.66
» Magnesia	11,34
	100,00

Die Kalkbrocken in der Erde enthielten:

Kohlensaure Kalkerde	95,92
» Magnesia	4,08
	100,00

Die Erde ist also mehr Dolomitischer Natur als die Kalkbrocken.

Sollten Gewässer, welche Dolomit ausgelaugt haben,

Kalksinter absetzen, der weniger kohlensaure Magnesia enthält als der Dolomit?

Mitscherlich[1]) bemerkt in Beziehung auf den Dolomit in der *Eifel* Folgendes. Die Versteinerungen in diesem Dolomit enthalten wenig Magnesia, einige kaum eine Spur, andere einige Prozent. Der Kalksinter und die Tropfsteine enthalten keine Magnesia. Kohlensäure haltiges Wasser löset nämlich aus dem Gemenge von Kalk und Dolomit jenen auf und läfst diesen zurück.

[1]) Ueber die vulkanischen Erscheinungen in der *Eifel*, Seite 5.

Kapitel XIII.

Bestimmung der specifischen Gewichte fossiler Knochen.

Um aus den porösen Knochen alle Luft auszutreiben, wurde folgendes Verfahren, welches die genauesten Resultate lieferte, angewandt.

Der Knochen wird unter der Luftpumpe ausgetrocknet und dessen Gewicht bestimmt, hierauf in einem Stöpselglas unter Wasser und abermals unter die Luftpumpe gebracht. Nachdem alle Luftblasen entwichen sind, wird das Gewicht des Knochens sammt dem Wasser, welches nach Verdrängung durch diesen zurückgeblieben ist, bestimmt. Der Knochen wird nun geglüht, gepulvert und zur Verflüchtigung der organischen Bestandtheile so lange geröstet bis das Pulver ganz oder fast weifs geworden ist.

Ist A das absolute Gewicht der unorganischen Bestandtheile eines Knochens,

a das der organischen Bestandtheile,

S das specifische Gewicht der unorganischen Bestandtheile,

s das der organischen,

σ das des ganzen Knochens durch directe Bestimmung,

so ist, wenn die Knochen nicht Gemische, sondern nur Gemenge aus unorganischen und organischen Bestandtheilen sind:

$$\sigma = \frac{AS + as}{A + a} \quad \text{(I)}$$

Aus dieser Gleichung ergeben sich folgende:

$$S = \frac{\sigma(A + a) - as}{A} \quad \text{(II)}$$

$$s = \frac{\sigma(A + a) - AS}{a} \quad \text{(III)}$$

In der Gleichung III mufs das Product AS kleiner sein als das Product $\sigma(A+a)$. Sollte es gröfser sein:

so würde s eine negative Gröfse werden. Dieser Fall würde eintreten wenn der Werth von S zu hoch bestimmt worden wäre. Negative Werthe für s haben sich wirklich ergeben als versucht wurde die Resultate der Analyse der fossilen Knochen dem Calcul zu unterwerfen. Hieraus ist zu schliefsen, dafs in diesen Knochen die unorganischen Bestandtheile Hydratwasser enthalten werden. In diesem Fall vermindert sich aber der Werth von S, mithin auch der von SA. Wie ist auch anzunehmen, dafs dieses Hydratwasser während der Fäulnifs der organischen Bestandtheile der Knochen entweichen sollte? Die Bestimmung der specifischen Gewichte der durch Rösten der Knochen in Pulverform erhaltenen unorganischen Bestandtheile wurde in einem Stöpselglas mit kegelförmigem Hals vorgenommen, damit beim Füllen mit Wasser die Luftbläschen vollständig entweichen konnten. Das Gewicht dieses Wassers ist eine constante Gröfse. Schüttet man das gewägte Pulver in das Glas, füllt man dieses mit Wasser und rührt so lange bis alle Luftbläschen entwichen sind: so hat man nur noch das Gewicht des Pulvers und des darauf gegossenen Wassers zu bestimmen.

Es sei:

C Das Gewicht des Wassers, welches das Glas erfüllt,
m Gew. des Pulvers,
a Gew. des Wassers und Pulvers,
S Spec. Gew. von m,
x Gew. des rückständigen Wassers,
y Gew. des Wassers von gleichem Volumen des Pulvers,

so ist: $x = a - m$

$$y = C - x = C - (a - m) = C + m - a$$

mithin

$$S = \frac{m}{C + m - a} \quad \text{(IV)}$$

Dieses Verfahren ist dem gewöhnlichen durch Abwägen ganzer Körper im Wasser vorzuziehen.

Schenkelknochen eines Ursus spelaeus aus einer Höhle in der Nähe von *Brilon*. Aus der Mitte desselben wurde ein Ring ausgeschnitten. Der Knochen war so spröde, dafs er zu feinem Pulver zerrieben werden konnte.

I. Erste Bestimmung.

II. Zweite Bestimmung.

Zellenartiges Gewebe, ähnlich einem Bienenkorb in dem vorhergehenden Röhrenknochen des Ursus spelaeus.

III. Erste Bestimmung.

IV. Zweite Bestimmung.

V. Felis spelaea aus derselben Höhle, der untere Theil des linken Schienbeins.

VI. Felis spelaea aus der *Gailenreuther* Höhle. Der untere Theil des rechten Oberarmknochen nach gefälliger Bestimmung meines Collegen Troschel.

	σ Spec. Gew. der Knochen.	Zusammensetzung der Knochen		Spec. Gewichte der unorganischen organischen Bestandtheile	
		unorganische Bestandtheile	organische Bestandtheile	S gefunden	s berechnet nach Gleichung III.
I.	2,5270				
II.	2,4644	79,91	20,09	2.9418	0,5655
III.	2,7863	84.74	15,26	3,5	
IV.	2,8499	86,05	13.95	3,4251	
V.	2,0831	65,08	34,92	3,4970	
VI.	2 3207	71,68	28,32	3,0418	0,4954

Versucht man den Werth von s nach der Formel III zu berechnen: so erhält man einen negativen Werth. Dies beweist, dafs die Masse nicht ein Gemeng sein kann, sondern eine chemische Verbindung einer organischen Substanz mit einer unorganischen sein mufs, auf welche jene Formel keine Anwendung findet. Die Bildung derselben mufste mit einer Abnahme des Volumens, folglich mit einer Zunahme des spec. Gew. verknüpft gewesen sein; daher das grofse spec. Gew. von 2,8499—2,0831.

Auffallend ist das hohe spec. Gem. der unorganischen Bestandtheile in den untersuchten fossilen Knochen. Im Laufe des langen Zeitraumes, innerhalb dessen diese Knochen in den Höhlen gelegen hatten, müssen daher chemische Veränderungen in denselben von Statten gegangen sein, durch welche das spec. Gew. gesteigert wurde.

Kapitel XIV.

Vulkanische Erscheinungen und Vulkane im Allgemeinen.

Die vulkanischen Erscheinungen, welche schon so oft und zum Theil von Augenzeugen beschrieben worden, abermals beschreiben zu wollen, würde eine vergebliche Mühe sein, um so mehr da ich keine Gelegenheit hatte, vulkanische Eruptionen beobachten zu können, mithin nicht im Stande wäre, etwas Neues beizubringen. Wo Erklärungen dieser Erscheinungen versucht werden, da können sie selbstredend nicht unbeachtet bleiben.

Mein Wohnort, in der Nähe der Umgebungen des *Laachersee* und der *Vorder-Eifel*, zweier ausgezeichneter vulkanischer Districte, reich an erloschenen Vulkanen, an Laven, Schlacken, Bimssteinen, Tuffen u. s. w. gab mir aber Gelegenheit, andere Forschungen anzustellen und setzte mich in den Stand aus dem Gegebenen auf die vorhistorischen Wirkungen zu schliefsen, durch welche es entstanden ist.

Abgesehen von früheren Forschungen sind es die der ausgezeichneten Geognosten v. Oeynhausen [1]) und v. Dechen [2]), denen wir die genauesten Kenntnisse der vulkanischen Erscheinungen im Gebiete des *Laachersee* und der *Vorder-Eifel* verdanken. Die Werke des Letzteren gewähren uns die meiste Belehrung. Ohne diese vortrefflichen Abhandlungen würde meine Arbeit nicht möglich gewesen sein.

---

[1]) Erläuterungen zur geognostisch-geographischen Karte der Umgebung des *Laachersee*, Berlin, 1847.

[2]) Geognostischer Führer zu dem *Laachersee* und seiner vulkanischen Umgebung, Bonn 1864. — Geognostischer Führer zu der Vulkanreihe der *Vorder-Eifel*, Bonn 1861. — Vergleichende Uebersicht der vulkanischen Erscheinungen im *Laachersee*-Gebiete und in der *Eifel* (Abdruck a. d. Zeitschr. d. deutschen geologischen Gesellschaft Jahrg. 1865. S. 69 ff.).

§. 27. Aufsteigen der Lava in Spalten.

Spalten im Gebirge, durch welche die Lava ausfliefsen kann, sind nothwendigerweise vorauszusetzen. Die hebende Kraft mufs eine aufserordentliche sein, da es gewifs grofse Tiefen sind, aus denen hohe nicht zu schätzende Lavasäulen aufsteigen. Da im *Laachersee*-Gebiete die Laven durch Thonschiefer aufgestiegen sind: so hätten sie Spalten von mehr als 30,000 Fufs Tiefe bilden müssen; denn so mächtig ist das Thonschiefergebirge in der Nähe des *Laachersee* (meine Geol. B. I. S. 12 und B. III. S. 275 ff.).

Im *Laachersee*-Gebiete ziehen sich die Lavaströme die Thäler hinab; sie sind daher jünger als die Thalbildung. Die Spalten im Thonschiefergebirge müssen demnach entweder früher während länger Zeiträume offen geblieben sein, oder sie wurden nicht lange vor dem Anfang der dortigen vulkanischen Thätigkeit erst gebildet. Jener Fall ist nicht wahrscheinlich; denn alle Spalten in diesem Gebirge sind mit Infiltrations-Producten, mit Erzen oder Quarz erfüllt, selten ist die Gangmasse Basalt. Sehr wahrscheinlich ist es dagegen, dafs die Spaltenbildung der erste Act der vulkanischen Thätigkeit war. Den Lavaeruptionen des *Vesuv* gehen nicht selten heftige Erdbeben voraus, welche auf Dislocationen der Schichten und damit verknüpfte Spaltenbildung schliefsen lassen.

§. 28. Schmelzhitze der Laven und Schmelzversuche.

Die basaltischen Laven, so wie die Schlacken, welche eine Decke auf ihnen bilden, sind die leicht- und dünnflüssigsten unter allen vulkanischen Producten. Ihre Schmelzhitze scheint zwischen die des Silbers und Kupfers zu fallen. So fand man in der Lava, welche *Torre del Greco* verwüstete, Goldmünzen, auch einige Kupfermünzen, ungeschmolzen, Silbermünzen aber geschmolzen und mit Kupfermünzen zusammengebacken. Humphry Davy fand, dafs ein Kupferdraht von $^1/_{20}$ und ein Silberdraht von $^1/_{30}$ Zoll Durchmesser, in die Lava in der Nähe ihres Ursprungs gesteckt, augenblicklich schmolzen. Nun schmilzt, nach Daniell, das Silber bei 978° R., das Kupfer bei 1118° R.;

wir können daher als mittlere Zahl für die Schmelzhitze der Lava 1000° R. annehmen [1]).

Unter den Silicaten, welche die Gebirgsgesteine zusammensetzen, sind die Thonerde- und Magnesiasilicate die strengflüssigsten, die Silicate des Eisenoxydul, der Kalkerde und der Alkalien die leichtflüssigsten Bestandtheile. Je mehr daher ein Gestein von jenen strengflüssigen und je weniger es von diesen leichtflüssigsten Silicaten enthält, desto strengflüssiger ist es und umgekehrt. Die meisten Laven gehören aber zu den an diesen leichtflüssigen Bestandtheilen reichsten Gesteinen. Wir können uns daher strengflüssige Gesteine namentlich im Heerde der Vulkane denken, welche die flüssige Lava einschliefsen, ohne selbst zum Schmelzen zu kommen. Wie indefs die strengflüssigsten Schmelztiegel von Silicaten, die wir darin schmelzen, angegriffen werden und wie die strengflüssigsten Gesteine, die Gestellsteine in den Hochöfen, nach jahrelangem Betrieb untauglich werden, ist bekannt.

Zu den nachfolgenden Schmelzversuchen wurden Thonschiefer (Dachschiefer), Kalkstein und Quarz mit Lava von *Niedermendig* in den unten angegebenen Verhältnissen gemengt. Diese Gesteine sind nachweisbar von der Lava an verschiedenen Stellen durchbrochen worden. Die gepulverten Gemenge wurden im Gebläse-Feuer in hessischen Schmelztiegeln geschmolzen.

	Dauer der Schmelzung	Lava Procente	Thonschiefer Procente	Beschaffenheit der geschmolzenen Masse
I.	1 Stunde	100	—	schwarz, glasig, ohne Poren
II.	1¾ »	90	10	» » » »
III.	2 »	80	20	» » » »
IV.	2 »	70	30	» » » »
V.	2 »	60	40	ebenso, Bruch nicht glatt
VI.	2 »	50	50	» » » »
VII.	2 »	40	60	schwarz,glasig,einigePoren unten
VIII.	2 »	30	70	» » » » »
IX.	2 »	20	80	grünlich schillernd
X.	2 »	20	80	schwarz,wenig glasglänzend, viele Poren
XI.	2 »	10	90	schwarz,wenig glasglänzend,viele Poren
XII.	2 »	—	100	schwarz, glasig, einige grofse Hohlräume
XIII.	2 »	—	100	schwarz, glasig, viele Hohlräume.

[1]) Meine Wärmelehre S. 268.

Die Lava forderte demnach die geringste Zeit zur Schmelzung. Durch einen Zusatz von 10% Thonschiefer stieg diese Zeit bis zum 1,75fachen. Von da an bis zu einem Zusatz von 90% Thonschiefer war aber die 2fache Zeit zur Schmelzung hinreichend. Sogar der Thonschiefer für sich schmolz in derselben Zeit.

	Lava Procente	Kalkstein Procente	Beschaffenheit der geschmolzenen Masse
XIV.	80	20	schwarz, glasig, ohne Poren
XV.	60	40	» » » »
XVI.	50	50	» » » »
XVII.	40	60	schwarz grünlich schillernd ohne Poren

Nachdem die unter No. XVII aufgeführte geschmolzene Masse fünf Jahre lang in einem verschlossen gewesenen Kästchen gelegen hatte, waren einzelne Bröckchen zu einem schwach ocherfarbenen Pulver zerfallen, in welchem hier und da weifse etwas gröfsere Stäubchen sich befanden. Auf einer Bruchfläche in der im Schmelztiegel noch eingeschlossenen Masse zeigte sich eine weifse Efflorescenz, welche mit Säuren stark brauste.

In einem zweistündigen Gebläsefeuer verflüchtigte sich die Kohlensäure des Kalksteins. Diese Kalkerde des Schmelzproducts hatte daher seit fünf Jahren aus der Atmosphäre so viel Kohlensäure aufgenommen, dafs eine erkennbare Menge Kalkerdecarbonat gebildet werden konnte. Nach langen Zeiträumen würde das ursprüngliche Gemeng regenerirt werden.

Als 90% Lava und 10% Quarz gemengt einem zweistündigen Gebläsefeuer ausgesetzt worden waren, erhielt man eine schwarze glasige Masse ohne Poren. Auf der Oberfläche dieser geschmolzenen Masse und bis zu einigen Linien Tiefe waren noch unverglaste Quarztheilchen eingeschlossen. Als aber der Versuch in denselben quantitativen Verhältnissen wiederholt und 3 Stunden lang geschmolzen wurde, waren nur noch auf der äufsern Fläche wenige unverglaste Quarztheilchen zu bemerken.

Wenn die Hitze der in den Canälen der Vulkane aufsteigenden Lava so grofs ist, wie wir sie im zweistündigen Gebläsefeuer zu entwickeln vermögen: so nimmt sie unzweifelhaft vom Nebengestein, mag es Thonschiefer oder

Kalkstein sein, mehr oder weniger auf. Ihre Mischung verändert sich, und am meisten, wenn das Nebengestein, wie am *Vesuv*, Kalkstein ist.

Dafs die von Davy ermittelte Temperatur der aus dem *Vesuv* geflossenen Lava, welche zwischen die Schmelzhitze des Silber und Kupfer (1000° R.) fällt, gewifs viel niedriger ist, als die der aus der Tiefe der Canäle aufsteigenden Lava, ist selbstredend.

Mein Sohn Carl, der ein Verfahren aufgefunden hat, technischer Zwecke wegen die Grade der Feuerbeständigkeit der Thone zu bestimmen, unternahm es die Schmelzgrade der im Laboratorium dargestellten Schmelzproben approximativ zu ermitteln. In Nachstehendem die Resultate.

I. Lava und Thonschiefer.

Beide, die *niedermendiger* Lava wie die Thonschiefer für sich sind wenig strengflüssiger als die Gemenge von Lava und Thonschiefer. In einer Temperatur, in der die Gemenge schon ein vollkommenes Glas bilden, sind bei der Lava für sich und noch mehr bei dem Thonschiefer die Theile des Pulvers noch deutlich erkennbar. Die geschmolzene glasige Lava schmilzt eher wieder als die ursprüngliche, wie sie vorkommt. Wird das Gemenge aus Lava und Thonschiefer so stark erhitzt, dafs es völlig schmilzt: so entsteht bei vorherrschendem Lavagehalte eine mehr glasige und umgekehrt bei vorherrschender Thonschiefermenge eine mehr aufgeblähte schaumige Masse, welche letztere indefs bei gröfserer Steigerung der Hitze schliefslich doch ein glänzenderes dünnflüssigeres Glas bildet als ersteres Gemenge.

Der Thonschiefer für sich ist strengflüssiger als die Lava. In einer Temperatur, in der die Lava zu einem festen Kuchen zusammensintert, hält sich der Thonschiefer noch unverändert, ein loses Pulver bildend; dagegen in einer Temperatur, in der die Lava zum dunkelgrünen Glas zusammenschmilzt, bläht sich der Schiefer zur schaumigen Masse hoch auf.

II. Lava und Kalkstein.

Dieses Gemenge ist bei vorwiegendem Lavagehalt leichtflüssiger als Lava für sich. In einer Temperatur, in der das Gemenge eine sinterig-schlackige Masse bildet, sind bei der Lava für sich die einzelnen Pulvertheile noch erkennbar. Steigt aber der Kalkgehalt über 50 %: so ist das Gemenge strengflüssiger als die Lava für sich. So ist das Gemenge von 40 % Lava und 60 % Kalkstein entschieden am strengflüssigsten. Dasselbe zeigt noch keine Schmelzung und ist lose pulverig, während die Lava wie die übrigen Gemenge zur blasigen Schlacke aufgequollen sind.

Der Kalkstein für sich ist als unschmelzbar anzunehmen.

Unter sämmtlichen erhaltenen Proben dürfte am leichtflüssigsten sein das Gemenge von Lava und Kalkstein, in welchem der letztere 40—50 % beträgt.

III. Lava und Quarz.

Die Lava schmilzt sehr wesentlich leichter als der strengflüssige Quarz.

Wird das aus 90 % Lava und 10 % Quarz gebildete Gemenge einestheils in einem zweistündigen und anderntheils in einem dreistündigen Gebläsefeuer geschmolzen: so erscheint ersteres leichtflüssiger als letzteres. Letzteres dürfte während des längeren Schmelzens im hessischen Tiegel mehr Kieselsäure aufgenommen haben als ersteres.

IV. Basalt und Thonschiefer

Der Basalt ist leichtflüssiger als der Thonschiefer. In einer Temperatur, wo der Thonschiefer sich noch unverändert hält, zeigt der Basalt schon glasige Puncte. In einer Temperatur, wo der Basalt zu einem Glase völlig zusammenfliefst, bläht sich der Thonschiefer zur schaumigen Masse auf.

Das Gemenge von 90 % Basalt und 10 % Thonschiefer ist zerflossen, während umgekehrt das Gemenge aus 10 % Basalt und 90 % Thonschiefer mehr schaumig, wenn auch glänzender ist. Also das Gemenge mit vorherrschendem Thonschiefergehalt schmilzt leichter als umgekehrt; denn in einer Temperatur, in der ersteres zu Tropfen zusammengeschmolzen ist, bildet letzteres nur einen zusammengesinterten Kuchen.

Werden beide Gemenge einer Temperatur ausgesetzt, worin sie völlig schmelzen, so ist das mit dem gröfsern Basaltgehalt mehr zerflossen, während das mit dem vorwiegenden Thonschiefer ein schaumig aufgeblähtes, wenn auch mehr glänzendes Glas bildet.

Wir beschliefsen diesen Abschnitt mit folgenden Bemerkungen.

Schwankungen in der Zusammensetzung der Laven, welche aus demselben Vulkan, aber aus verschiedenen Canälen ausgeflossen sind, können wohl davon herrühren, dafs sie mehr oder weniger vom Nebengestein aufgenommen und so ihre Mischung verändert haben.

Die meisten Analysen von Laven, welche aus demselben Vulkan zu verschiedenen Zeiten ausgeflossen sind, sind die des *Vesuv*. Die Maxima und Minima der Bestandtheile dieser Laven zeigen bedeutende Schwankungen. Das Grundgebirge des *Vesuv*, welches diese Laven durchbrochen haben und noch durchbrechen, ist Kalkstein. Die Möglichkeit ist daher gegeben, dafs die geschmolzenen Massen aus dem Nebengestein Kalkerde aufgenommen haben und noch aufnehmen. Auf diesen Gegenstand kommen wir später noch einmal zurück.

Die Laven im *Laachersee*-Gebiete haben das Thonschiefergebirge durchbrochen. Sie konnten daher keine Kalkerde aufnehmen. Die ganze Menge, welche sie davon enthalten, ist mithin ein ursprünglicher Bestandtheil.

§. 29. Erlöschen der Vulkane.

Drei Ursachen können gedacht werden, welche das Erlöschen der vulkanischen Thätigkeit herbeiführen. Erstens, dafs die geschmolzenen Massen erschöpft werden; zweitens, dafs sie durch allmälige Erkaltung ihre Dünnflüssigkeit verlieren, oder dafs sie gänzlich erstarren und ihre Canäle verstopfen; drittens, dafs die hebende Kraft zu wirken aufhört.

Wäre von einer gewissen Tiefe an der ganze Erdkern im feuerflüssigen Zustande: so könnte an eine Erschöpfung der geschmolzenen Masse nicht gedacht werden, denn eben so viel als von ihr an einer Stelle gehoben würde und zum Ueberfliefsen käme, würde von benachbarten Stellen wieder zufliefsen.

Das Areal aller vulkanischen Bezirke auf unserer Erde, wo noch thätige oder längst erloschene Vulkane und Lavaströme vorkommen, ist eine verschwindende Gröfse gegen das Areal, wo solche Zeugnisse vulkanischer Eruptionen fehlen. Wie sollte es nun kommen, dafs nur an so äufserst wenigen Punkten auf der Erde die Bedingungen zu vulkanischen Eruptionen vorhanden gewesen sein sollten, wenn von einer gewissen Tiefe an der ganze Erdkern eine feuerflüssige Masse wäre. Durch diese Betrachtungen verliert diese Hypothese sehr viel an Wahrscheinlichkeit.

Die Ansicht gewinnt die Oberhand, dafs die in gewissen Tiefen vorhandenen geschmolzenen Massen ebenso sporadisch verbreitet sind und waren, wie die noch thätigen und die erloschenen Vulkane, dafs jedoch noch viele solcher Massen verborgen sein werden, welche in späteren Zeiten zum Ausbruch kommen.

Eine vom *Aetna* nach Norden gezogene Linie berührt die Inseln *Vulcano*, *Lipari* und *Stromboli*.

Vom	*Aetna*	bis	*Vulcano*	sind	es	11	geogr.	Meilen,
„	„	„	*Lipari*	„	„	12	„	„
„	„	„	*Stromboli*	„	„	18	„	„
„	*Vesuv*	„	*Ischia*	„	„	6	„	„
„	„	„	*Puzzuoli*	„	„	$4^1/_2$	„	„
„	„	„	*Vulcano*	„	„	36	„	„
„	„	„	*Lipari*	„	„	35	„	„
„	„	„	*Stromboli*	„	„	32	„	„

Auf einem Flächenraum, dessen gröfste Dimension 36 M. beträgt, finden wir auf dem Festlande und den Inseln *Italiens:*

1) Drei noch thätige Vulkane, *Aetna*, *Vesuv* und den noch fortwährend dampfenden und Lava ergiefsenden Berg *Stromboli*.

2) Vier Solfataren. *Solfatara* bei *Puzzuoli* und auf *Vulcano*; östlich vom *Vesuv* der *Lago d'Ansanto* und der *Vultur* bei *Melfi* in *Apulien*, welche beide nach Daubeny noch Gase aushauchen.

3) Neun und vierzig erloschene Vulkane. Nur allein auf den *Phlegräischen* Feldern bei *Puzzuoli* westlich von *Neapel* finden sich auf einem Raume von 3 geogr. Quadratmeilen 26 mehr oder weniger wohl erhaltene alte Kratere; nordwestlich vom *Vesuv* die *Roccamonfina*; der *Epomeo* und noch 12 kleinere vulkanische Kegel auf *Ischia;* auf *Lipari* der *Monte S. Angelo* in der Mitte, *M. Guardia* im Süden und der *M. Campobianco* im Norden; zwischen *Vulcano* und *Lipari* die kleine mit 3 Kratern versehene Insel *Vulcanello;* auf *Saline* nordwestlich von *Lipari* zwei erloschene Vulcane und endlich auf *Pantellaria* ein deutlicher Eruptionskegel [1]).

Angenommen, dafs in jener Zeit, wo alle diese Vulkane in Thätigkeit waren, die Lavaeruptionen aus einem gemeinschaftlichen Heerde stattgefunden hätten: so könnte die Ursache des Aufhörens dieser Eruptionen in den unthätig gewordenen Vulkanen darin gesucht werden, dafs die hebende Kraft sich vermindert oder gänzlich aufgehört hätte zu wirken. Ist indefs Wasserdampf die hebende Kraft: so ist nicht denkbar, wie die Bildung desselben hätte gehemmt werden können, da alle Vulkane *Italiens*, die noch thätigen wie die erloschenen, dem Meere sehr nahe liegen, und einige der letzteren noch Dämpfe exhaliren.

Man könnte vermuthen, dafs die Heerde des *Aetna* und des *Stromboli* mit einander communiciren. Dies könnte aber nur auf einem grofsen Umwege stattfinden, da zwischen beiden Vulkanen die Inseln *Vulcano*, *Lipari* und *Panaria* liegen, aus deren Vulkanen keine Lava mehr aufsteigt. Da gerade der dem *Aetna* nächste unter diesen Vulkanen, die *Solfatara* auf *Vulcano*, noch Dämpfe exhalirt: so ist zu vermuthen, dafs es die Erschöpfung der Lava und nicht die fehlende hebende Kraft ist, welche das Ende der Lavaeruptionen herbeigeführt hat.

Der vulkanische Heerd des *Vesuv* mufs wie der des *Aetna* die gröfste Ausdehnung haben. Da indefs *Ischia* nur 6, Puzzuoli nur $4^1/_2$ Meilen vom *Vesuv* abliegen: so kann sich dessen Heerd nicht bis zu diesen Entfernungen gegen Südwest und Westen fortziehen. Da ferner die *Sol-*

---

[1]) Lehrb. d. Geognosie von Naumann, 2. Aufl. Bd. I, S. 81.

fatara bei *Puzzuoli* noch Dämpfe exhalirt: so ist es gleichfalls nicht wahrscheinlich, dafs die fehlende hebende Kraft, sondern vielmehr, dafs die erschöpfte Lava das Ende der Lavaeruptionen des *Epomeo* und der grofsen Zahl der erloschenen Vulkane auf den *Phlegräischen* Feldern herbeigeführt habe. Die Ansicht, dafs jeder dieser Vulkane seinen eigenen abgesonderten Heerd hatte und noch hat, aus dem die Lava aufgestiegen ist und noch aufsteigt, gewinnt demnach sehr an Wahrscheinlichkeit. Nicht so scheint es sich zu verhalten bei den erloschenen Vulkanen im *Laachersee*-Gebiete. Davon wird weiter unten die Rede sein. Vermuthen kann man indefs, dafs die auf den *Phlegräischen* Feldern auf dem kleinen Raume von 3 geogr. Quadratmeilen zusammengedrängten erloschenen Kratere einen gemeinschaftlichen Heerd gehabt hätten.

Ist der Heerd entleert, so hört die vulkanische Thätigkeit auf oder äufsert sich eine Zeit lang nur noch in der Entwicklung von Dämpfen.

Durch Betrachtung dieser Verhältnisse werden wir abermals zu der Ansicht geführt, dafs von einer gewissen Tiefe an der ganze Erdkern nicht eine feuerflüssige Masse sein kann.

§. 30. Ursachen der vulkanischen Erscheinungen und des Emporsteigens der Lava. Senkungen.

Nur zwei Ursachen sind denkbar, aus denen sich allgemein die vulkanischen Erscheinungen erklären lassen.

1) Die Temperaturzunahme nach dem Innern unserer Erde, sofern sie bis zur Schmelzhitze der Lava steigt.

2) Locale chemische Processe, wodurch solche Hitzgrade hervorgerufen werden, welche zum Schmelzen von Gebirgsgesteinen nöthig sind.

Angenommen die Lava sei ursprünglich ein festes Gestein gewesen und erst im Laufe der Zeit zum Schmelzen gekommen. Durch welche Processe konnte, mufs man fragen, dieses Gestein geschmolzen werden? An unsere Processe, hohe Hitzgrade hervorzubringen, kann nicht gedacht werden; denn wollte man annehmen, dafs das Brennmaterial, welches das Mineralreich in enormen Quantitäten liefert, die Stein- und Braunkohlen es seien, durch deren Verbrennen die feste Lava zum Schmelzen käme und wollte man sich auf brennende Steinkohlenflötze beziehen: so würde man vergessen, dafs diese Brände nahe an der Erdoberfläche, wo der Zutritt der Luft nicht gehindert ist, statt finden. Welches Canalsystem müfste man aber fingiren, um das Niedergehen grofser Massen Luft bis zu bedeutenden Tiefen und das Aufsteigen gleich grofser Massen Rauches begreifen zu können.

Schon vor 32 Jahren [1]) habe ich bemerkt, dafs die Annahme von brennenden Steinkohlen, von sich oxydirenden Eisenkiesen u. s. w. zur Erklärung vulkanischer Erscheinungen durchaus nicht genügt. Ich kam zu dem Schlusse, dafs die Hypothese, welche die Temperaturzunahme nach dem Innern der Erde bis zur Glühhitze fortschreiten läfst, nach dem damaligen Standpunkte der Wissenschaft die vulkanischen Erscheinungen auf die genügendste Weise erklärte.

Dem Entdecker der Metalle der Alkalien, dem ausgezeichneten Naturforscher Hy. Davy lag der Gedanke nahe, dafs bei der vorausgesetzten Existenz dieser Metalle im Innern der Erde durch deren Oxydation vermittelst Wasser hohe Hitzgrade hervorgerufen werden und so die vulkanischen Erscheinungen erklärt werden könnten. Er fügte indefs hinzu, dafs die Temperaturzunahme nach dem Innern eine einfachere Erklärung darbieten möchte. Die Unhaltbarkeit jener Hypothese wies ich nach [2]). Fände jener Oxydationsprocefs statt: so müfste durch Zersetzung des Wassers Wasserstoffgas entwickelt werden. Die Eruption der Lava müfste daher mit Exhalationen dieses Gases verknüpft sein, welches im stark erhitzten Zustande aus dem Krater strömend, in Berührung mit atmosphärischem Sauerstoff die heftigsten Eruptionen mit colossalen Flammen bewirken würde. In Betreff der Flammen ist zu bemerken, dafs die Mehrzahl sachkundiger Beobachter die Gegenwart derselben bei vulkanischen Eruptionen in Abrede stellt. Minder unterrichtete Beobachter können durch glühende Auswürflinge (vulkanische Bomben, vulkanische Asche) ge-

---

[1]) Die Wärmelehre des Innern unseres Erdkörpers S. 257 ff.

[2]) Physical, chemical and geological researches on the internal heat of the globe. By Gustav Bischof, London 1841, p. 200 ff.

täuscht worden sein. Es ist auch denkbar, daſs die glühende Lava, wenn sie mit Pflanzensubstanz in Berührung kommt, die Entwicklung brennbarer Gase veranlassen kann.

Angenommen die Lava sei eine Masse, welche sich als solche ursprünglich im feuerflüssigen Zustande befunden hat.

Daſs hohe Temperaturen im Innern der Erde herrschen, zeigt die Temperaturzunahme mit der Tiefe und das Ausflieſsen der Lava. Daſs hohe Temperaturen dem Weltall überhaupt nicht fremd sind, erweisen die Meteorite, welche, obgleich sie lange Strecken Weges im kalten Weltraum zurücklegen, doch nicht selten noch glühendheiſs niederfallen.

Da geschmolzene Massen in gewissen Tiefen existiren: so ist die Möglichkeit, daſs in einer ursprünglichen Periode die ganze Erde feuerflüssig war, nicht zu bezweifeln.

Hat nun die Annahme von der Bildung der Lava durch Schmelzen festen Gesteins die geringste Wahrscheinlichkeit: so kann man sich nur denken, daſs die in den Heerden der Vulkane befindliche Lava die Reste der feuerflüssigen Massen sind, welche früher bis zum Niveau dieser Laven in den vulkanischen Herden reichten.

Die aus der plutonischen Schule hervorgegangene Hypothese, daſs Wasserdampf die Kraft sei, welche die Lava aus groſser Tiefe emporhebt, habe ich auf ein Rechenexempel zu bringen gesucht [1]). Ihre schwache Seite ist, wie man sich die Wirkung des auf die Lava drückenden Wasserdampf denken soll, damit ein lange Zeit anhaltendes Aufsteigen und Ausflieſsen der Lava vor sich gehen kann. Ich habe mögliche Verhältnisse aufgesucht und mich bemüht sie wahrscheinlich zu machen [2]), kann mich aber nicht rühmen, daſs es gelungen sei.

Jetzt nach 32 Jahren, nachdem viele geologische Untersuchungen, welchen die Chemie ein sicheres Fundament verliehen hat, angestellt worden sind, unternahm ich es, jene Hypothese einer abermaligen Prüfung zu unterwerfen.

---

[1]) Meine Wärmelehre S. 268 ff.

[2]) Physical, chemical and geological researches on the internal heat of the globe. London, 1841 p. 219.

Das Resultat derselben ist, daſs Wasserdämpfe nicht das Hebungsmittel der Lava sein können.

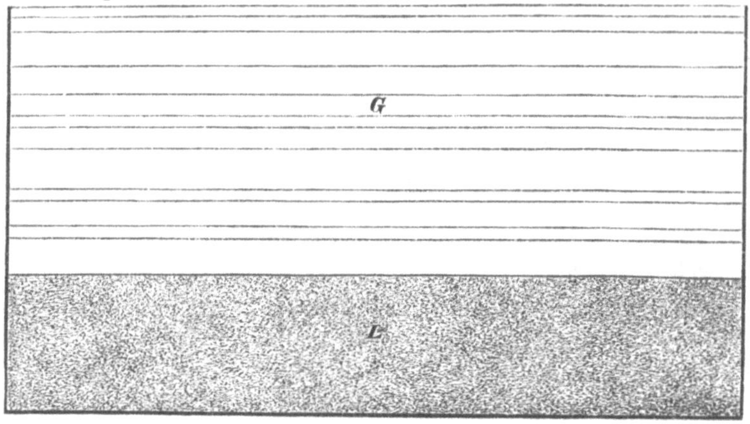

Fig. 13.

Es sei Fig. 13 das Profil eines sedimentären Gebirges *G*, unter welchem sich Lava *L* befindet.

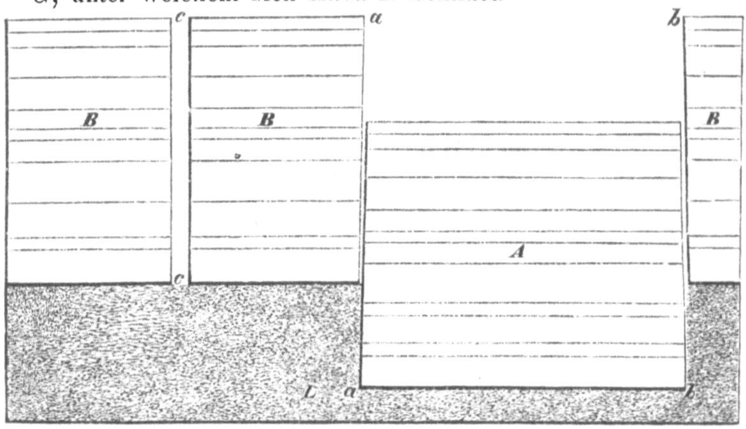

Fig. 14.

Es entstehen Fig. 14 bei *aa* und *bb* Risse und bei *cc* im ruhenden Gebirge *B* eine Spalte. Der Gebirgstheil *A* kommt zum Sinken und drückt mit seinem ganzen Gewicht auf die Lava. In Folge dieses Druckes steigt die Lava in der Spalte *cc* auf. Ist *A* bis zum Liegenden der Lava gesunken: so hört das Aufsteigen der Lava auf [1]).

[1]) Dieser Vorgang ist zu vergleichen mit der Hebung des Wassers durch den Kolben einer Druckpumpe.

Sollten Senkungen in submarinen Gebirgen nicht ebenso wie in den über das Meer erhobenen Statt finden? Es sind alsdann dieselben Verhältnisse wie in Fig. 14 gegeben, nur mit dem Unterschied, dafs nicht allein das sinkende Gebirge, sondern auch die auf demselben ruhende Wassersäule als Druckkraft auf die Lava wirkt.

Wie Senkungen in submarinen Formationen das Aufsteigen von Lava in Vulkanen benachbarter Inseln bewirken: so können sie auch das Hebungsmittel der Lava in den nahe an der Meeresküste gelegenen Vulkanen sein.

In der That, es würde kein uninteressantes Unternehmen sein, wenn man in der Nähe des *Vesuv* und *Aetna* von Zeit zu Zeit Peilungen vornähme. Sollten die Meerestiefen nach anhaltenden Eruptionen wirklich zunehmen: so würde man auf Senkungen entschieden schliefsen können.

Geht die Senkung der isolirten Masse *A* stetig von statten: so ist der Ausflufs der Lava auch stetig. Stockt sie aber, klemmt sich das sinkende Gestein an manchen Stellen: so wird der Ausflufs der Lava unterbrochen. Man liest auch in den Beschreibungen der Eruptionen des *Vesuv*, dafs die Lava manchmal stockt. Werden alle Hindernisse überwunden, gelangt das sinkende Gestein auf den Boden der Lavaansammlung: so erlöscht die vulkanische Thätigkeit mit einem einzigen Ausbruch. Wahrscheinlich war dies bei den meisten Vulkanen in den Umgebungen des *Laachersee* der Fall.

Klemmt sich das sinkende Gestein mehrmals so fest, dafs immer erst nach Jahren die Hemmnisse überwunden werden: so wiederholen sich die Eruptionen, wie dies beim *Vesuv* und *Aetna* der Fall ist, nach verschiedenen Zeiträumen.

Gewifs bleibt die Lava in dem erhitzten Nebengestein lange Zeit flüssig, wenn der Ausflufs stockt. Dauert die Stockung gar zu lange: so erstarrt die Lava. Der Ausflufs hört dann gänzlich auf, wenn nicht eine neue Spalte entsteht. Die schon erwähnten heftigen Stöfse vor den Ausbrüchen sind ein sicheres Zeichen solcher Vorgänge, und dafs die Orte der Ausflüsse, wie namentlich beim *Vesuv*, sich verändern, ist bekannt.

Der Raum, den die ausgeflossene Lava im Innern

der Erde erfüllt hatte, ist eine messbare Gröfse. Man hat ihn auch durch Cubatur einiger Lavaströme von Vulkanen, deren Thätigkeit sich auf eine einzige Eruption beschränkte, ermittelt. Wo sich freilich eine grofse Zahl von Lavaströmen auf einander häufte, wie beim *Vesuv* und *Aetna*, da würde die Cubatur ein Riesenwerk werden.

Theilt man nicht unsere Ansicht, dafs Senkungen die Ursache des Aufsteigens der Lava seien: so mufs man annehmen, dafs leere Räume entstehen. Dafs dieselben während langer Zeiträume sich erhalten können, zeigen die Höhlen im Kalkgebirge. Wären aber solche Höhlen in der Nähe der Vulkane vorhanden: so würden die günstigsten Verhältnisse zum Einsturze eintreten, wenn dem nächsten Lavaausbruche gewaltige Erdstöfse vorausgingen. In diesem Falle würden Senkungen, welche wir als Ursachen des Aufsteigens der Lava vorausgesetzt haben, Folgen vorausgegangener Eruptionen sein.

Jede auf Thatsachen gegründete Erklärung einer Naturerscheinung ist zulässig. Die zahlreichen mit Quarz, Kalkspath, Erzen u. s. w. erfüllten Gänge zeigen, dafs Spaltenbildungen allgemeine Erscheinungen sind. Wird eine Gebirgsmasse durch Spalten, welche sie umgeben, eingeschlossen und kann ihre Unterlage ausweichen: so kommt sie zum Sinken. Dafs solche Vorgänge wirklich stattfinden, zeigen die Verwerfungen im sedimentären Gebirge.

Die von Naumann angeführten Beispiele von Verwerfungen weisen 500, 540, 560 und 840 Fufs seigere Sprunghöhen (senkrechter Abstand zweier Schichten, welche vor der Verwerfung zusammenhingen) in Steinkohlenformationen *Englands* und bei *Dresden* nach. In der Steinkohlenformation von *Eschweiler* in der sog. Münstergewand bei *Stolberg* in der Nähe von *Aachen* beträgt diese Sprunghöhe 800 Fufs. An andern Orten soll sie 1000 Fufs und noch mehr betragen. Auch die horizontale Ausdehnung dieser Dislocationen ist sehr bedeutend. Die gleichfalls von Naumann angeführten Beispiele weisen 6, 15, 17, 45 Meilen Länge von Verwerfungsspalten nach (Meine Geol. B. III, S. 612).

Solche Verwerfungen zeigen die bedeutenden Niveau-

Veränderungen, welche in der Erdkruste von statten gehen. Zur Erklärung des Aufsteigens der Lava brauchen wir keine bis zu 800 Fufs steigende Sprunghöhen. Wir übersehen nicht, dafs Verwerfungen eben so gut durch Hebungen von Statten gegangen sein können. Für unsere Erklärung müssen selbstredend Senkungen vorausgesetzt werden.

Dafs Senkungen nicht blofs Ereignisse der Vorzeit, sondern auch der Jetztzeit und dafs plötzliche Senkungen mit Erdbeben verknüpft sind, ist vielfältig nachgewiesen worden. In meiner Geologie [1]) habe ich 17 solcher mir bekannt gewordener plötzlicher Senkungen, welche in den Jahren 1746 bis 1844 stattgefunden haben, nachgewiesen.

Es ist nicht zu leugnen, dafs es unserer Einbildungskraft schwer wird, Verhältnisse in Regionen sich zu denken, die sich der Beobachtung gänzlich entziehen. Sehen wir aber Laven aus Kratern fliefsen: so müssen Spalten vorhanden sein, die sich bis dahin erstrecken, wo feuerflüssige Massen existiren. Kann eine Spalte entstehen: so kann auch ein Gebirgstheil durch Spaltenbildung rings umher so isolirt werden, dafs er zum allmäligen Sinken kommt.

Wollte man der Hypothese, dafs die Lava durch Dampfkraft gehoben werde, den Vorzug vor jener geben: so würden unüberwindliche Schwierigkeiten entgegen treten. Da die Tiefe nicht bekannt ist, in welcher flüssige Lava vorkommt: so fehlen die Prämissen, um auf die Dampfkraft, welche zu ihrer Hebung erforderlich ist, schliefsen zu können. Nach den Resultaten der in Wien angestellten Versuche über die Expansivkraft der Wasserdämpfe [2]) würde Wasserdampf von höchster Dichtigkeit eine Lavasäule von 88747 Fufs = 3,9 geogr. M. tragen. Aus gröfseren Tiefen könnte daher die Lava nicht gehoben werden, während sie durch sinkende Gebirgstheile aus unbegrenzten Tiefen gehoben werden könnte.

Wie kann man sich aber einen unterirdischen Dampfkessel denken, dessen Dampf im Stande wäre, eine Lava-

---

[1]) B. III. S. 495 ff.

[2]) Meine Wärmelehre S. 270.

säule von 88747 Fuſs Höhe zu tragen. In diesen Kessel müſste Wasser mit dem Druck der zu hebenden Lavasäule treten. Welche Kraft müſste es aber sein, welche einem solchen Druck Widerstand leisten konnte? Dampfmaschinen kann man nicht als Gleichnisse annehmen; denn hier sind es Ventile, welche den Dampf abwechselnd über und unter den Kolben führen.

Ganz anders verhält sich's mit den Auswürflingen (Bimsstein, Tuff). Hier sind es unstreitig Wasserdämpfe von höchster Spannung, wodurch diese vulkanischen Massen aus den Kratern geschleudert werden.

Senkungen im Gebiete der erloschenen Vulkane des *Laachersee* und der *Vorder-Eifel* sind Thatsachen. Die sogenannten Maare der *Vorder-Eifel*, See'n in Kesselthälern weisen solche Senkungen in der Nähe von erloschenen Kratern und Lavaströmen nach. Wir folgen den genauen Beschreibungen v. Dechen's [1]).

In der Nähe von *Gillenfeld* findet sich auf der Hochfläche zwischen *Alf* und *Ues* das *Pulvermaar* oder *Gillenfelder Maar* 230 Par. Fuſs tief bis zum Wasserspiegel eingesenkt. Die gröſste Tiefe desselben wird zu 302 Par. Fuſs angegeben; der gröſste Durchmesser von N. nach S. beträgt 195 Ruthen, der kleinste von O. nach W. 180 Ruthen. Es ist eines der schönsten und regelmäſsigsten Maare der *Eifel*, mit einem nahe kreisrunden klaren Wasserspiegel und stark bewaldetem kleinen Abhange. Auf der Hochfläche nach *Immerath* liegt das *Immerather Maar*, der tiefste Punkt des Wassers desselben, der hier nach Auſsen hin in den verengerten Ausgang eines groſsen elliptischen maarförmigen Kesselthales abfällt. Der ebene Boden des kleinen kesselförmigen *Strohner Maar* in der Nähe von *Trautzberg* wird von einem Torfmoor bedeckt. Zwischen diesem kleinen Maar und dem *Pulvermaar* erhebt sich der *Römersberg* mit einem offenen Krater, der den Wasserspiegel der *Pulvermaar* um 205 Fuſs und den Moorboden des *Dürremaarchen* um 121 Fuſs überragt. Der südliche Rand des groſsen *Meerfelder Maar* liegt vom nördlichen

---

[1]) Geognost. Führer zu der Vulkanreihe der *Vorder-Eifel*, S. 49 ff.

Krater des *Mosenberg* nur 4200 F. ab. Vom geöffneten Krater des *Hangelberg* zieht sich ein grofser Lavastrom, auf welchem das Dorf *Dockweiler* gebaut ist, herab und erstreckt sich bis nahe gegen *Dreis*, an den *Dreiser Weiher*, ein erst in neueren Zeiten abgelassenes Maar, welches einen Durchmesser von 3240 F. hat und jetzt von Wiesen und Torfmooren eingenommen wird.

Bei *Boos* liegen zwei nahe verbundene Maare, deren Länge 3240 F. beträgt. Sie sind mit Wiesenflächen und Torf bedeckt. Die geringste Entfernung der vulkanischen Partie in jener Gegend von diesen Maaren beträgt nahe $^3/_4$ Meile. In den Umgebungen von *Daun* finden wir drei Maare, das *Weinfelder Maar*, 314 F. tief, das *Gemünder Maar*, 191 F. tief und das *Schalkenmehrener Maar*, 98 F. tief, welche nahe neben einander, aber in sehr ungleichen Höhen liegen, einen sehr ausgezeichneten Krater und Lavaströme, wovon einer in grofsartiger Form auftritt, so mit einander verknüpft, dafs die Beziehungen zwischen Senkungen und vulkanischen Erscheinungen unverkennbar sind.

Das gröfste Maar in den vulkanischen Bezirken des linken Rheinufers ist der eiförmige *Laachersee*, auf der Höhe zwischen dem *Brohl-* und *Nettethal.* Er besitzt keinen natürlichen Abflufs. Der gröfste Durchmesser beträgt von S. W. gegen N. O. 626 Ruthen, der gröfste Querdurchmesser von N. W. gegen S. O. 378 Ruthen. Die gröfste ehemalige Tiefe des See's war 177 Fufs. Der Spiegel liegt 706 Fufs über dem Nullpunkt des Rheinpegels bei *Andernach.*

Man würde die Tiefe des Kessels, der durch Senkungen des Devonschiefergebirges entstanden ist, ermitteln können, wenn auf den Höhen, welche den See einschliefsen, dieses Gestein, von dem sich das gesunkene getrennt hatte, zu Tage ausginge. Die Höhen sind aber durchgängig mit vulkanischen Producten bedeckt. An einigen den See wenig überragenden Stellen des Bergabhanges steht der Schiefer an, von dem sich der gesunkene Schiefer losgerissen haben mufste. Dieses Vorkommen zeigt, wie nicht anders zu erwarten war, dafs die Senkung im Schiefergebirge stattgefunden hatte.

Der dem See am nächsten gelegene gemessene Höhenpunkt, wo der Devonschiefer ansteht, findet sich am oberen Eingang zu *Bell.* Er liegt 289 Fufs über dem ehemaligen Spiegel des See's. Angenommen, dafs das Schiefergebirge, welches vor der Senkung den Kessel des *Laachersee* ausgefüllt hatte, in gleicher Höhe wie dieser Schiefer lag: so kommen zu jenen 289 Fufs noch 177 F. (gröfste Tiefe des See's). Es ergeben sich daher 466 F. als approximatives Maafs für die Senkung, vorausgesetzt, dafs in diesem Tiefenpunkt der Devonschiefer ansteht. Sollte dagegen, wie sehr wahrscheinlich, der Seeboden mit einer mehr oder weniger hohen Lage von vulkanischen Producten bedeckt sein: so würden jene 466 F. ein Minimum sein.

Der Cubikinhalt des Kessels des See's ergibt sich, wenn die Quadratfläche des See's = 273,335 Quadratruthen mit den Höhen des Devonschiefer bei Bell über dem tiefsten Punkt des See's = 466 Fufs multiplicirt wird. Er beträgt 10,614,509 Cubikruthen. Dies ist also auch der Cubikinhalt des gesunkenen Devonschiefer.

Wir haben die Fläche des See's als Basis des gesunkenen Gebirges genommen. Diese Gröfse ist aber zu klein, denn an der westlichen und südlichen Seite des *Laachersee* ziehen sich die Bergabhänge, namentlich an letzterer Seite, bedeutend zurück.

Die in Rede stehende Senkung ist nicht die einzige, welche im *Laachersee*-Gebiete stattgefunden hat. Westlich vom *Laachersee* liegt das Thal von *Wehr.* Es ist ein Kesselthal, womit bekanntlich diejenigen Thäler bezeichnet werden, welche nicht durch Erosion entstanden sind. Lehrreiches über die geognostischen Verhältnisse dieses Thales findet sich in v. Dechen's Führer [1]). Er kommt zu dem Schlusse, „dafs die Analogie des Kesselthales von *Wehr* mit den Maaren der *Eifel* nicht in Zweifel gezogen werden kann und demselben nicht wohl eine andere Entstehung zuzuschreiben ist". Wir fügen hinzu, ohne Zweifel im Sinne v. Dechen's, dafs diese Maare durch Senkung entstanden sind.

Der tiefste Punkt des Kesselthales von *Wehr* liegt

---

[1]) S. 123 ff.

nahe im Niveau des *Laachersee*-Spiegels. Die Fläche desselben beträgt 120,600 Quadratruthen; mithin 0,44 des Flächeninhalts des *Laachersee.* In den Umgebungen dieses Kesselthales findet sich der Devonschiefer am *Steinberger Hof*, 597 Fufs auf dem *Lieberinger Berg* und 561 Fufs über dem tiefsten Punkt. Diese Gröfsen sind Minima des Betrages der einstigen Senkung; denn in welcher Tiefe unter der Thalsohle anstehender Devonschiefer liegen mag, ist nicht bekannt. Wir unterlassen es, aus gänzlich unsicheren Zahlen den Cubikinhalt des gesunkenen Gebirges berechnen zu wollen. Er mag dem des Kesselthales des *Laachersee*, der freilich aus ebenso unsicheren Zahlen ermittelt wurde, nahe kommen.

Wo Calculationen nur auf ungenaue Zahlen gegründet werden können, mufs man sich begnügen mit der Nachweisung, ob die Resultate Minima oder Maxima sind. Im vorliegenden Falle können die gefundenen 10,614,509 Cubikruthen nur ein Minimum sein.

Wenn nach unserer Ansicht Senkungen, d. h. Bildungen von Kesselthälern, die Ursachen des Aufsteigens feuerflüssiger Massen sind: so sehen wir, wie in dem eben beschriebenen Bezirk die Orte, wo die Ursachen zu suchen sind, unmittelbar an die Orte grenzen, wo sich die Wirkungen zeigen.

Ein drittes Kesselthal ist der *Krufter Ofen*, dessen tiefster Punkt nach v. Dechens Messungen 35 Fufs unter dem Spiegel des *Laachersee* liegt. Die nordwestliche Umwallung trennt es von diesem See und gehört daher beiden Kesselthälern gemeinschaftlich an. Man hat den *Krufter Ofen*, dessen tiefste Stelle 759 Fufs unter der höchsten Spitze der Umwallung liegt, für einen Krater gehalten. Ist er ein solcher: so gehört er zu denjenigen, aus welchen keine Lava ausgeflossen ist; denn nirgends hat man einen Lavastrom wahrgenommen.

Ist gegeben der Cubikinhalt eines Lavastroms und der Flächeninhalt einer Senkung in der Nähe desselben: so ergiebt sich hieraus der Betrag der Senkung, welche nöthig war, um den Raum, den die verdrängte Lava eingenommen hatte, auszufüllen.

Der Cubikinhalt zweier Lavaströme in den Umgebungen des *Laachersee,* des vom *Bausenberg* und vom *Hochsimmer* wurde von v. Dechen ermittelt. Die Länge des Stromes von jenem Vulkane beträgt 900 Ruthen, die durchschnittliche Breite 90 Ruthen und die Höhe 2 Ruthen, mithin der Inhalt 162,000 Cubikruthen. Die Länge des Stromes vom *Hochsimmer* beträgt 1100 Ruthen, die durchschnittliche Breite 200 Ruthen und die Dicke 3 Ruthen, mithin der Inhalt 660,000 Cubikruthen.

Da nun der Flächeninhalt des *Laachersee* 273,335 Quadratruthen beträgt: so giebt der Quotient dieser Gröfse in den Cubikinhalt jener Lavaströme den Betrag der Senkung, welche nöthig war, um den Raum, den die verdrängten Laven eingenommen hatten, auszufüllen.

Für den Lavastrom vom *Bausenberg* ergibt sich

$$\frac{162{,}000}{273{,}335} = 0.59 \text{ Ruthen} = 7.11 \text{ Fufs.}$$

Für den Lavastrom vom *Hochsimmer* ergiebt sich

$$\frac{660{,}000}{273{,}335} = 2.415 \text{ Ruthen} = 28.98 \text{ „}$$

Sa. 36.09 Fufs.

Subtrahirt man diese 36.09 Fufs von jenen 466 Fufs, die sich als approximatives Maafs der Senkung des Schiefergebirges, welches einst den Raum des Kessels des *Laachersee* eingenommen hatte, ergeben haben: so bleiben 430 Fufs übrig: d. h. 13 Mal so viel Lava als die Lavaströme vom *Bausenberg* und *Hochsimmer* betragen, konnten durch diese Senkung zum Aufsteigen und Ausfliefsen aus den anderen Vulkanen gebracht werden.

Dazu kommen noch die Senkungen der zu beiden Seiten des *Laachersee* gelegenen Kesselthäler, *Wehr* und *Krufter Ofen,* deren Cubikinhalt zusammen genommen gewifs den des Kessels des *Laachersee* bei weitem übersteigt.

Ebenso grofse an diesen Stellen gesunkene Massen mufsten an anderen Stellen gehoben worden sein, wenn man nicht annehmen will, dafs die aufgestiegenen vulkanischen Massen leere Räume zurückgelassen haben, d. h. dafs mehr aufgestiegen als gesunken oder dafs umgekehrt weniger aufgestiegen als gesunken ist.

Die Senkungen haben wir vor Augen. Ihre Gröfse läfst auf die Gröfse der auf die Oberfläche gekommenen vulkanischen Producte, Laven, Schlacken, Tuffe und Bimssteine schliefsen. Dieser Cubikinhalt ist aber, einige Lavaströme ausgenommen, auf directem Wege nicht zu ermitteln. Wir müssen uns daher mit jener Schätzung begnügen.

Kapitel XIV.

Analysen von Laven.

Grofsen Dank denjenigen Chemikern, welche Laven und andere vulkanische Producte analysirt haben. Die Kenntnifs der chemischen Zusammensetzung dieser Gesteine mufste vorausgehen, ehe in das dunkle Gebiet der vulkanischen Erscheinungen Licht dringen konnte. Alle früheren Forschungen mufsten sich auf die Beschreibung der bei vulkanischen Eruptionen beobachteten Erscheinungen sowie der Lagerungsverhältnisse der Laven u. s. w. beschränken.

Die beste Uebersicht über sämmtliche Analysen von Laven gewähren die beiden verdienstlichen Werke von J. Roth:

„Die Gesteinsanalysen in tabellarischer Uebersicht mit kritischen Erläuterungen". Berlin 1861 und „Beiträge zur Petrographie der plutonischen Gesteine". Berlin 1869.

§. 31. Laven des Vesuv.

Nach den chronologischen Untersuchungen von C. W. Fuchs [1]) sind die Eruptionen des *Vesuv*, seit seiner erneuten Thätigkeit im Jahre 79 unserer Zeitrechnung bis zum siebenzehnten Jahrhundert, viel seltener, als von da an bis zur Gegenwart. Die Eruption vom Jahre 1631 bezeichnet gleichsam den Beginn einer zweiten Periode der erneuten Thätigkeit. In jener ersten Periode vom ersten bis siebenzehnten Jahrhundert fand gewöhnlich nur eine Eruption im Jahrhundert statt, selten zwei, dagegen blieb der Vulkan aber auch öfters zwei- oder dreihundert Jahre vollständig ruhig, wenn uns die litterarischen Quellen alle Erscheinungen richtig erhalten haben. In dem besprochenen

---

[1]) N. Jahrb. f. Mineral. 1866. S. 667.

Zeitabschnitt von etwas mehr als anderthalb Jahrtausenden sind nur acht Eruptionen mit Sicherheit bekannt, nämlich in den Jahren 79, 203, 472, 512, 685, 993, 1036, 1139. Dazu kommen noch zwei Eruptionen, im Jahre 1306 und 1500, nach nicht ganz zuverlässigen Nachrichten.

Analysen der verschiedenalterigen *Vesuv*-Laven sind von Rammelsberg, Abich, Ch. St. Cl. Deville, Dufrénoy, W. Flight, Wedding und insbesondere in grofser Zahl von C. W. Fuchs angestellt worden. Bezüglich derselben sei auf die angeführten Sammelwerke von Roth verwiesen.

Unter den Analysen von *Vesuv*-Laven sind es 13, in denen das Kali mehr als das Natron und 8, in denen umgekehrt das Natron mehr als das Kali beträgt. In jenen verhält sich das Natron zum Kali wie

1 : 1,1 : 1,6 : 1,9 : 2 : 2,4 : 2,9
1 : 3 : 3,4 : 3,7 : 3,9 : 4 : 4,2 : 4,6.

In letztern 8 Analysen verhält sich das Kali zum Natron wie

1 : 1,4 : 1,5 : 2,2 : 2,3 : 2,7 : 3 : 17,8 : 27.

Sollten aus einem und demselben Krater Laven ausfliefsen, welche so gänzlich ungleiche quantitative Verhältnisse der beiden Alkalien wie die *Vesuv*-Laven enthalten?

Rammelsberg analysirte 5 *Vesuv*-Laven und fand in allen mehr Kali als Natron. Besonders bemerkenswerth ist, dafs er in der Lava, aus welcher Leucit zum Theil abgesondert wurde, 1,9 und in den Laven, aus denen Leucit nicht oder nur theilweise abgesondert wurde 4,3 und 4,6 mal so viel Kali als Natron fand.

Die Summe der Alkalien beträgt in der Lava

	aus welcher Leucit nicht abgesondert wurde		aus welcher er theilweise abgesondert wurde	
	a	b	c	d
Kali	8,94	8,93	5,77	7,65
Natron	1.94	2,30	3,03	1,68
	10,88	11,23	8,80	9,33

In a und b beträgt also diese Summe mehr als in c und d. Der Umstand, dafs die ganzen Laven alkalienreicher sind, als diejenigen, bei welchen der Leucit ausgesondert wurde, rührt davon her, dafs letzterer selbst alkalienreicher ist, als die Laven überhaupt.

Auffallend sind die relativen Verhältnisse der Alkalien in den Analysen der Lava von 1631, welche von Dufrénoy, Wedding und Fuchs angestellt wurden.

Nach Dufrénoy verhält sich Kali zu Natron = 1 : 3
= 1 : 2.3

Nach Wedding . . . . = 2 : 1

Nach Fuchs . . . . = 2.4 : 1

Sollten solche absolut entgegengesetzte Verhältnisse zwischen beiden Alkalien in verschiedenen Stellen eines und desselben Lavastroms stattfinden? Es ist nicht wahrscheinlich.

Ist die Gegenwart des Leucit in dieser Lava nicht zu bezweifeln: so wird dadurch die Angabe Dufrénoy's unwahrscheinlich, dafs das Natron bei weitem vorherrschend sei, während Fuchs und Wedding das umgekehrte Verhältnifs gefunden haben, welches der Gegenwart des Leucit entspricht.

Mineralogisch wird die auf den ersten Blick befremdliche Thatsache, dafs es auch vesuvische Leucitlaven gibt, in denen das Natron sogar überwiegt, dadurch am besten erklärt, dafs in diesen viel Nephelin enthalten ist. Die Gegenwart des Nephelin in wohl allen *Vesuv*-Laven und zwar in recht wechselnden Mengen wurde durch das Mikroskop in sehr zahlreichen Präparaten von Zirkel constatirt [1]). Rammelsberg hatte schon früher einmal in der *Vesuv*-Lava von 1858 mit blofsem Auge sichtbaren Nephelin erkannt [2]). Trikline Feldspathe, deren Gegenwart auch das Alkalienverhältnifs zu Gunsten des Natron beeinflussen kann, hat Zirkel in den *Vesuv*-Laven von 1858, 1822, 1817, 1779 nachgewiesen. Daneben mitunter Sanidine, die auch schon makroskopisch gefunden wurden.

Laven, deren Sauerstoffquotienten, wie es bei den *Vesuv*-Laven der Fall, zwischen zwei so weit von einander abstehenden Extremen (0,781 und 0,505) fallen und deren Bestandtheile in ihren quantitativen Verhältnissen (Thonerde 23,7 und 13,13%, Eisenoxyd 17,27 und Eisenoxydul 6,52%, Kalkerde 12,23 und 4,7%, Magnesia 6,01 und 1,25%, Kali

[1]) Zeitschr. d. deutsch. geol. Ges. 1868. S. 104.

[2]) Ebendaselbst 1859. S. 503.

8,93 und 0,3%, Natron 8,9 und 1,51%) so bedeutend abweichen, können unmöglich aus einem und demselben Heerde aufgestiegen sein.

Ordnen wir die *Vesuv*-Laven, deren Eruptionsjahr bekannt ist, nach dem Alter ihres Aufsteigens.

	Jahr	S.-Q.
	1036	0,713
	1631	0,741
	„	0,678
	1694	0,703
	1717	0.760
	1730	0,720
	1731	0,750
	1811	0,699
vom *Piano*	1834	0,563
aus Krater	„	0,620
	1855	0,640
	„	0,678
	1858	0,684
	„	0,781

Hieraus ergibt sich, dafs die Sauerstoffquotienten vom Jahr 1834 bis 1858 regelmäfsig zugenommen haben, vom Jahr 1036 bis 1811 aber regellos schwanken.

Es ist nicht denkbar, dafs die Laven des *Vesuv*, welche (wie die Laven überhaupt) aus gleichen Bestandtheilen, aber in mehr oder weniger variirenden quantitativen Verhältnissen bestehen, während langer Zeiträume schichtenweise aufeinander gelagert existiren können. Erwiesen scheint es somit durch vorstehende Betrachtungen, dafs die grofse Zahl der während langer Zeiträume erfolgten Eruptionen von Lava nicht aus einem grofsen damit erfüllten Raum gekommen sein können.

Bei mehreren jüngeren Laven vom *Vesuv* habe ich ein Brausen mit Säuren wahrgenommen [1]). Auffallend ist das-

[1]) Das schwächste Brausen kann man wahrnehmen, wenn man die gepulverte Lava, nachdem sie in Wasser ausgekocht worden um eingeschlossene atmosphärische Luft zu entfernen, in einer geneigten Probirröhre mit Säure übergiefst und umrührt. Die Bläschen vereinigen sich dann mit einander und steigen an der geneigten Röhre so langsam auf, dafs sie dem Auge nicht entgehen können, was nicht der Fall ist, wenn die Prüfung in einer aufrecht stehenden Röhre vorgenommen wird und die Gasentwicklung sehr gering ist.

selbe bei Laven, wovon die älteste nur 60 Jahre zählt (von 1811), während das hohe Alter der Laven des *Laachersee*-Gebiets, welche so wenig mit Säuren brausen, gar nicht zu schätzen ist.

Was ist die wahrscheinliche Ursache dieses total ungleichen Verhältnisses? Das Grundgebirge, welches von der Lava des *Vesuv* durchbrochen wurde und noch durchbrochen wird, ist Kalkstein. Die erste Lava, welche in Spalten dieses Gesteins aufstieg, kam unzweifelhaft mit dem kohlensauren Kalk in Berührung. Der erste Lavastrom ist nicht zugänglich, sondern durch die grofse Zahl der seitdem ausgeflossenen Ströme bedeckt.

Es ist anzunehmen, dafs nach jeder Eruption eine Lavakruste am Kalkstein hängen bleibt. Die Spalte wird daher immer enger und endlich ganz verstopft werden. Neue Spalten müssen dann aufreifsen, um neue Eruptionen möglich zu machen.

Es fragt sich nun: wirkt die geschmolzene Lava auf den kohlensauren Kalk oder nicht. Jeder Chemiker wird diese Frage bejahen. Wie sie aber wirkt, dies kann nur durch einen Versuch beantwortet werden.

In einen Schmelztiegel wurde ein Bröckchen Marmor und darauf Lava vom *Vesuv* vom Jahr 1855, welche nicht mit Säuren brauste, gebracht. Es wurde Schmelzhitze bis zum dünnen Flufs der Lava vier Stunden lang gegeben. Nach dem Erkalten und Zerschlagen des Tiegel fand sich noch Marmor auf dem Boden desselben. Mit Wasser bespritzt löschte er sich wie gebrannter Kalk und färbte geröthetes Lackmuspapier blau. Der kohlensaure Kalk hatte also seine Kohlensäure verloren. Als Salzsäure auf den Marmor getröpfelt wurde, entwickelten sich keine Bläschen.

Man könnte vermuthen, dafs die Kalkerde sich mit dem Kalksilicat verbinden und ein mehr basisches Salz geben würde. Dies mag auch geschehen sein; gewifs aber nur in sehr geringer Menge. Durch eine weitere Untersuchung dies zu ermitteln, würde sehr schwierig und unerheblich gewesen sein. Es genügte gefunden zu haben, dafs die Schmelzhitze dünnflüssiger Lava kohlensauren Kalk zersetzen kann, ohne dafs a l l e r ausgeschiedene Aetzkalk mit der Lava zusammenschmilzt.

Wenn ebenso dünnflüssige Lava in einer Spalte im Kalkgebirge aufsteigt und hier und da mit entblöfsten Kalkwänden in Berührung kommt: so wird dasselbe geschehen. Gelangt eine solche Lava anf die Erdoberfläche: so wird nach dem Erkalten der Aetzkalk Kohlensäure aufnehmen und die Lava mit Säuren brausen.

Braust die Lava des *Vesuv* nicht mit Säuren wie die von 1855: so kann sie im flüssigen Zustande nicht mit dem kohlensauren Kalk des Kalkstein in Berührung gekommen sein. Der durch das Brausen mit Säuren nachgewiesene kohlensaure Kalk in jüngern Laven des *Vesuv* rührt daher aus dem von denselben aus dem Kalkstein aufgenommenen Kalk.

Dagegen ist der kohlensaure Kalk in den Laven des *Laachersee* ein Zersetzungsproduct der Kalksilicate durch die atmosphärische Kohlensäure.

§. 32. Laven des Aetna und von Island.

Die Laven des Aetna sind von C. W. Fuchs, Graebe, Löwe, K. v. Hauer und Joy analysirt worden. Ordnen wir hier diese Laven nach dem Alter ihres Aufsteigens:

Jahr	Analytiker	Sauerstoffquotient
124 v. Chr.	Joy	0,616
1669 n. Chr.	Löwe	0,623
1852 » »	C. v. Hauer	0,667
1865 » »	Graebe	0,689
» » »	Fuchs	0.700

Hier zeigt sich das sehr merkwürdige Verhältnifs, dafs die älteste Lava den kleinsten, die jüngste den gröfsten Sauerstoffquotienten gibt und dafs die zunehmenden Sauerstoffquotienten dem abnehmenden Alter der Laven regelmäfsig entsprechen.

Veränderungen in der Zusammensetzung im Laufe der Zeit fanden daher bei den *Aetna*-Laven wie bei den *Vesuv*-Laven statt, jedoch mit dem Unterschied, dafs die Veränderungen jener Laven sehr gering, die Veränderungen dieser sehr bedeutend sind und dafs eine so regelmäfsige Zu- oder Abnahme der Sauerstoffquotienten in den *Vesuv*-Laven durchaus nicht stattfindet, wie in den *Aetna*-Laven.

Man kann sich daher wohl denken, dafs die seit 1989

Jahren aus dem *Aetna* geflossenen Laven aus einem Heerde gekommen sind, dafs aber durch Zuflüsse von Lava von abweichender Zusammensetzung aus einem andern Heerde oder durch Aufnahme von Bestandtheilen aus dem Gestein, welches die Lava einschliefst, die ursprüngliche Zusammensetzung sich allmälig etwas verändert hat.

In den 4 *Aetna*-Laven beträgt das Natron mehr als das Kali. Sind diese Analysen in Beziehung auf die Alkalien exact und es ist zu vermuthen, da keine vorliegt, welche mehr Kali als Natron angibt: so kann die Feldspathsubstanz nicht Leucit sein, wie dies auch durch die mikroskopische Untersuchung bestätigt worden ist.

Laven der *Hekla* auf *Island* sind von Bunsen, Genth und Damour untersucht worden. Der Sauerstoffquotient eines alten Lavastroms an der *Hekla* (Bunsen) beträgt 0.667, derjenige der *Hekla*-Lava von 1845 oberhalb *Naefrholt* nach Genth's Analyse 0.483, derjenige derselben Lava von 1845 nach Damour 0.444. Während die Sauerstoffquotienten der *Aetna*-Laven mit abnehmendem Alter nur wenig zunehmen, scheinen die der *Hekla*-Laven umgekehrt bedeutend abzunehmen.

In den 5 vorliegenden Analysen von *Hekla*-Laven beträgt das Natron stets mehr als das Kali. Die Feldspathsubstanz kann daher gleichfalls wie bei denjenigen des *Aetna* kein Leucit sein.

§. 33. Laven des *Laachersee*-Gebietes. Verfahren zur Scheidung der Alkalien. Neue Analysen.

Da nur wenige Analysen der Laven des *Laachersee* Gebietes vorlagen: so habe ich diese Lücke durch eigene Analysen zu ergänzen gesucht.

Der Zweck meiner Analysen von Laven des *Laachersee*-Gebietes war, zu ermitteln, ob ihre chemische Zusammensetzung so nahe übereinstimmt, dafs man annehmen kann, sie seien aus einem gemeinschaftlichen Heerd aufgestiegen. Defshalb beschränkte ich mich auf die Bestimmungen der Hauptbestandtheile und unterliefs es auf die seltenen und nur in geringen Mengen vorkommenden Bestandtheile (Titansäure, Phosphorsäure, Chlor, Strontianerde u. s. w.) zu prüfen. Wichtig war indeſs die Prüfung auf Kohlensäure und auf chemisch gebundenes Wasser; denn die Gegenwart beider in einem unstreitbar auf feuerflüssige Weise entstandenen Gesteine ist ein sicheres Zeichen, daſs diese flüchtigen Substanzen nach dem Ausflusse und nach der Erkaltung der Lava aufgenommen wurden, und daſs durch Umwandlung alkalischer Silicate in Carbonate und wasserfreier Silicate in wasserhaltige die Zersetzung bereits begonnen hat. Es wird sich übrigens später ergeben, daſs die Zersetzung nur in sehr geringem Grade stattgefunden hat. Da die Ermittelung der quantitativen Verhältnisse von Eisenoxyd und Eisenoxydul von geringer Bedeutung ist: so haben wir auf diese Scheidung verzichtet. Der ganze Eisengehalt wurde als Oxyd berechnet.

Der Glühverlust wurde bestimmt, nachdem die gepulverte Lava in der Siedhitze getrocknet worden war. Da dieser Verlust stets sehr gering war: so unterblieb die Ermittelung, ob er blos von chemisch gebundenem Wasser oder zum Theil von organischen Bestandtheilen herrührte.

In mikroskopisch-mineralogischer Beziehung ist die Ermittelung der relativen Quantitäten der Alkalien von besonderer Wichtigkeit. Dieselbe wurde mittelst des nachfolgend beschriebenen Verfahrens ausgeführt.

Vor 51 Jahren habe ich in meinem Lehrbuch der Stöchiometrie, *Erlangen* 1819, § 79, eine Formel entwickelt, wodurch Kali und Natron mit groſser Genauigkeit bestimmt werden können.

Da dieses Buch im Buchhandel schwerlich mehr existiren wird: so erlaube ich mir diesen § hier auszugsweise mitzutheilen.

Wenn A und B zwei mit einander verbundene Körper bedeuten, die sich beide mit einem dritten C in bestimmten Verhältnissen verbinden lassen: so kann, wenn bekannt sind:

1. diese Verhältnisse,
2. das Gewicht von $A + B = d$,
3. die Quantität, welche $A + B$ gemeinschaftlich von C aufnimmt $= a$

gefunden werden, wie viel das Gewicht von A und von B beträgt.

Das Gewicht von A sei $= x$

„ „ „ B sei $= y$

(I) so ist $x+y = d-a$ Gewth.

Ferner es verbinde sich

A mit C in dem Verhältnifs $1 : \alpha$

B mit C „ „ „ $1 : \beta$

so ist

$$1 : \alpha = x : \alpha x$$

$$\text{und } 1 : \beta = y : \beta y$$

(II) und $\alpha x + \beta y = a$

Multiplicirt man die obige Gleichung (I) einmal mit α und dann mit β, so erhält man

(III) $\alpha x + \alpha y = \alpha(d-a)$

(IV) und $\beta x + \beta y = \beta(d-a)$

Subtrahirt man von der Gleichung (IV) die Gleichung (II), so kommt

(V) $\beta x - \alpha x = \beta(d-a) - a$

Subtrahirt man ferner von der Gleichung (II) die Gleichung (III), so kommt

(VI) $\beta y - \alpha y = a - \alpha(d-a)$

Aus den Gleichungen (V) und (VI) bestimmt sich der Werth für x und y wie folgt:

$$x = \frac{\beta(d-a)-a}{\beta-\alpha}$$

$$y = \frac{a-\alpha(d-a)}{\beta-\alpha}$$

Diese Formeln können in allen Fällen Anwendung finden, wo a mit grofser Schärfe bestimmt werden kann. Kein Stoff ist genauer zu bestimmen als Chlor, wenn es mit Metallen verbunden lösliche Gemische darstellt. Bei der chemischen Analyse der Alkalien enthaltenden Mineralien und Gebirgsarten erhält man bekanntlich, nach Abscheidung der übrigen Basen, die Alkalien als Chlorüre, deren Gewicht genau bestimmt werden kann. Fällt man das Chlor aus ihrer wässrigen Lösung durch salpetersaures Silberoxyd: so ist das Gewicht des Chlorsilber eben so genau zu bestimmen. Da nun die Gröfsen a und d, welche die Formel fordert, so genau erhalten werden: so werden die Werthe von A und B unzweifelhaft mit gröfserer

Genauigkeit ermittelt als durch irgend einen andern Scheidungsprocefs.

Für die Bestimmung der beiden in Rede stehenden Chlorüre dienen daher die beiden folgenden Formeln.

Es ist:

d das Gewicht der Chlorüre,

a das Gewicht des Chlor in denselben,

so ist:

$$\text{Kalium} = \frac{1{,}53\,(d - a) - a}{0{,}624}$$

$$\text{Natrium} = \frac{a - 0{,}906\,(d - a)}{0{,}624}$$

Um das Aufsuchen der Factoren, welche in den Rechnungen vorkommen, in den Atomgewichts-Tabellen zu ersparen, sind sie hier beigefügt [1]).

1 Chlorsilber enthält	0.24724	Chlor.
1 Kalium gibt	1.20437	Kali.
1 Natrium „	1,34515	Natron.
1 Kalium „	1,90596	Chlorkalium.
1 Natrium „	2,52998	Chlornatrium.
1 Phosphorsaure Magnesia gibt	0,85243	Chlormagnesium.
1 Chlormagnesium enthält . .	0,74693	Chlor.
1 Phosphorsaure Magnesia entspricht 0,85243 . 0,74693 =	0,63671	Chlor.
1 Chlor verbindet sich mit . .	0,33881	Magnesium.

Welche Resultate dieser Scheidungsprocefs liefert, möge folgendes Beispiel zeigen. Bekanntlich ist es äufserst schwierig, Chlorkalium und Chlornatrium chemisch rein darzustellen.

Ich stellte das Chlorkalium aus reinem Weinstein und das Chlornatrium aus krystallisirtem Steinsalz dar.

Von jedem dieser Chlorüre wurden 5 Gr. in Wasser gelöst und aus der gemeinschaftlichen Lösung das Chlor durch salpetersaures Silberoxyd gefällt. Das Chlorsilber betrug 21,8 Gr.

Es ist:

$$d = 10$$
$$a = 21{,}8 \,.\, 0{,}24724 = 5{,}39$$
$$d - a = 10 - 5{,}39 = 4{,}61$$

---

[1]) Diese Verhältnifszahlen sind theils aus den Atomgewichts-Tabellen von R. Weber entnommen, theils daraus berechnet worden.

folglich nach unserer Formel

$$x\ (\text{Kalium}) \quad \frac{1,53 \,.\, 4,61 - 5,39}{0,624} = 2,666$$

$$y\ (\text{Natrium}) \quad \frac{5,39 - 4,61 \,.\, 0,906}{0,624} = 1,939$$

Chlorkalium	2,666 . 1,90596 =	5,082
Chlornatrium	1,939 . 2,52998 =	4,906
		9,988

Nach Logarithmen berechnet:

Chlorkalium	5,093
Chlornatrium	4,918
	10,011

Angewandt wurden	5 Chlorkalium
Erhalten	5,093
Ueberschufs . .	0,093

welcher nur von Steinsalz herrühren kann.

Um zu ermitteln, ob in dem gereinigten Weinstein, aus welchem das Chlorkalium zu vorstehenden Versuchen dargestellt worden, ein Natronsalz vorhanden war, wurden 5 Gr. von diesem Chlorkalium in Wasser gelöst und das Chlor durch salpetersaures Silberoxyd gefällt. Das Chlorsilber betrug 9,55 Gr., worin 2,361 Gr. Chlor enthalten war. Nach den Formeln ergab sich für das Natrium ein negativer Werth von — 0,029. Es konnte also in dem Weinstein kein Natronsalz vorhanden gewesen sein. Die Gegenwart einer geringen Menge Chlorkalium im Steinsalz kann dagegen nicht befremden.

Vorstehendes Resultat veranlafste mich, jenes Steinsalz für sich zu analysiren.

10 Gr. Krystall-Steinsalz, in der Siedhitze vollständig getrocknet, ergaben 24,4 Gr. Chlorsilber.

Es ist

$$d = 10$$

$$a = 24,4 \,.\, 0,24724 = 6,033$$

$$d - a = 3,967$$

$$x\ (\text{Kalium}) = \frac{1,53 \,.\, 3,967 - 6,033}{0,624} = 0,0577$$

$$y\ (\text{Natrium}) = \frac{6,033 - 0,906 \,.\, 3,967}{0,624} = 3,908$$

Chlorkalium 0,0577 . 1,90596 = 0,106
Chlornatrium 3,908 . 2,52998 = 9,887

9,993

Schliefslich wurde das Steinsalz auf Chlorcalcium und Chlormagnesium geprüft. Oxalsaures Ammoniak trübte die Lösung nicht; phosphorsaures Ammoniak fällte aber 0,071% phosphorsaure Magnesia.

Ist Chlormagnesium den alkalischen Chlorüren beigemischt: so bleibt es nach der Fällung des Chlor durch salpetersaures Silberoxyd als salpetersaure Magnesia stets zurück.

Obigen 0,071% phosphorsaure Magnesia entsprechen 0,85243 . 0,071 = 0,0605% Chlormagnesium. Reducirt man die in 10 Gr. Steinsalz bestimmten alkalischen Chlorüre auf Procente: so ergibt sich die Zusammensetzung des analysirten Steinsalz:

Chlorkalium	1,06%
Chlornatrium	98,87
Chlormagnesium	0.06
	99,99%

Durch vorstehende Analysen haben wir uns versichert, welcher Grad von Genauigkeit durch unser Verfahren erreicht werden kann.

Die Scheidung zweier Stoffe gibt um so genauere Resultate, je mehr die Verhältnisse, in denen sie sich mit einem dritten Stoff verbinden, von einander abweichen. Dies ist aber beim Kalium und Natrium der Fall, denn 1 Theil Kalium verbindet sich mit 0,9, 1 Theil Natrium mit 1,5 Chlor.

Das weitläufige und stets unsichere Verfahren der Scheidung durch Platinauflösung hat man mit der einfachen und höchst genauen Bestimmung des Chlor zu vertauschen. Nicht zu übersehen ist, die Flüssigkeit nach der Abscheidung des Chlorsilber durch phosphorsaures Ammoniak auf Chlormagnesium zu prüfen, da die alkalischen Chlorüre Spuren von diesem Chlorür zurückhalten können.

Die Rechnung nach den Formeln kann in einer Stunde ausgeführt werden. Jeden Falls fordert dieser Scheidungsprocefs weniger Zeit und gewährt gröfsere Sicherheit und Genauigkeit als der übliche durch Platinauflösung [1]).

[1]) Es ist klar, dafs dieser Scheidungsprocefs in allen Fällen

Die Zusammensetzung des Chlorkalium ist:

Chlor	0,47533
Kalium	0,52467
	1,00000

Die des Chlornatrium:

Chlor	0,60474
Natrium	0,39526
	1,00000

	0,24724	Chlor	geben	1 Chlorsilber
folglich	0,47533	»	»	1,92254
und	0,60474	»	»	2,44596

Das Chlorsilber darf demnach nicht weniger als das 1,92254fache der alkalischen Chlorüre und nicht mehr als das 2,44596fache derselben betragen. Je mehr sich die Menge des Chlorsilber der Zahl 1,92254 nähert, desto mehr Chlorkalium ist vorhanden. Je mehr sich dagegen diese Menge der Zahl 2,44596 nähert, desto mehr waltet das Chlornatrium vor.

Sinkt diese Menge unter 1,92254: so ist ein Fehler in der Analyse begangen worden. Eine weitere Berechnung nach den Formeln würde daher eine zwecklose Arbeit sein.

Hat man die Werthe des Kalium und Natrium gefunden, berechnet man daraus die Werthe des Chlorkalium und Chlornatrium und stimmt die Summe beider mit den angewandten Chlorüren überein: so ist dies eine Controlle, dafs das Chlor richtig bestimmt wurde, und dafs es nur an Kalium und Natrium gebunden war. Ergibt sich eine wenn

---

in Anwendung gebracht werden kann, wo zwei von einander zu scheidende Stoffe sich mit einem dritten verbinden, der durch einen vierten Stoff in unlöslicher Verbindung präcipirt werden kann.

So könnten z. B. Kali und Natron eben so scharf von einander geschieden werden, wenn man sie mit Schwefelsäure verbände, welche durch ein Barytsalz gefällt würde.

Umgekehrt könnte man auch zwei feuerbeständige Basen, welche mit einer flüchtigen Säure verbunden sind, von einander scheiden, wenn man diese Säure verflüchtigte und sie aus dem Gewichtsverlust bestimmte. So z. B. beim Dolomit. Das Gewicht des zum Versuch angewandten Dolomit und der Glühverlust sind hinreichend zur Bestimmung der Kalkerde und Magnesia.

auch noch so geringe Differenz, ist gleichwohl das Chlor richtig bestimmt worden: so mufs aufser jenen Chlorüren noch ein drittes Chlorür vorhanden sein.

Bei meinen Analysen stellte es sich heraus, dafs, wenn auch nicht immer, die Kieselsäure Spuren von Alkalien zurückhält. Es ist daher nicht zu versäumen, die ausgeschiedene Kieselsäure durch Flufssäure zu verflüchtigen, rückständige Fluorüre mit Schwefelsäure zu zersetzen und der Auflösung, welche die schwefelsauren Alkalien und Magnesia enthält, zuzufügen.

Zur Erläuterung der Berechnung der Alkalien nach dem bei den Lava-Analysen angewandten neuen Verfahren diene noch Folgendes. 25 Gr. einer Lava gaben:

1,95 Gr. Chlorüre.
3,85 » Chlorsilber.

Das 1,92254fache von 1,95 ist 3,74895, mithin kleiner als 3,85. Die Aufgabe ist daher auflösbar.

Die Berechnung der Werthe beider Chlorüre nach unsern Formeln gibt folgende Resultate:

$d = 1,95$

a (Chlor in den Chlorüren) $= 3,85 \,.\, 0,24724 = 0,95187$

$$\text{Kalium} = \frac{1,53 \,.\, 1,002 - 0,952}{0,624} = 0,931$$

$$\text{Natrium} = \frac{0,952 - 0,906 \,.\, 1,002}{0,624} = 0,07$$

Probe:

0,931 Kalium	geben	0,931 . 1,90596	= 1,774	Chlorkalium
0,07 Natrium	»	0,07 . 2,52998	= 0,177	Chlornatrium
		wie oben d	= 1,951	

Daher in calculo richtig.

Diese Uebereinstimmung zeigt, dafs diese Chlorüre rein waren, folglich die Werthe der Alkalien so genau als nur immer möglich bestimmt werden konnten.

0,931 Kalium	geben	0,931 . 1,20437	= 1,121	Kali
0,07 Natrium	»	0,97 . 1,34515	= 0,094	Natron
		Nach Procenten	4,484	Kali
			0,376	Natron

Vor zwei Jahren wurden die Analysen der Laven aus dem *Laachersee*-Gebiete begonnen. Sie wurden mit kohlensauren Alkalien aufgeschlossen. Die Bestimmung der Alkalien nahm ich in diesem Jahr (1870) vor. Dies gab

Veranlassung, die üblichen Methoden einer genauen Prüfung zu unterwerfen. Bei meinen in früheren Zeiten angestellten Analysen Alkalien haltender Gesteine bediente ich mich stets der Fluorwasserstoffsäure. Mittlerweile hatte Deville gezeigt, dafs viel geringere Quantitäten Barytcarbonat zum Aufschliefsen Alkalien haltender Gesteine hinreichen als bisher angewandt wurden. Nach ihm schmilzt 1 Theil Orthoklas schon mit 0,8 Theilen Barytcarbonat bei mäfsiger Glühhitze zu einer glasigen, durchsichtigen und durch Säuren zersetzbaren Masse. Bei Anwendung gröfserer Mengen von kohlensaurem Baryt verflüchtigt sich, durch entstandenen Aetzbaryt ausgetrieben, Kali in merklicher Menge [1]).

Ich wandte zu meinen Probeversuchen gleiche Quantitäten Lava und Barytcarbonat an. Den fatalen Umstand, dafs die geschmolzene Masse fest auf dem Boden des Platintiegels adhärirt und mit Chlorwasserstoffsäure sehr schwierig abgelöst werden kann, suchte ich dadurch zu beseitigen, dafs etwas Barytcarbonat unter das Gemenge gebracht wurde. Allein selbst bei Anwendung einer so geringen Menge Barytcarbonat verflüchtigten sich Alkalien. Ein weifser Sublimat auf der innern Fläche des Platindeckels bläute geröthetes Lakmuspapier. Von der Anwendung des Barytcarbonats wurde demnach gänzlich abstrahirt.

Mein Assistent im chemischen Laboratorium, Gustav Looser, fand, dafs basaltische Lava oder Basalt durch Schmelzen so aufgeschlossen wird, dafs die Basen dieser Gesteine durch Chlorwasserstoffsäure ausgezogen werden können [2]). Da ein solches Verhalten dieser leicht schmelzbaren Gesteine für die chemische Analyse wichtig werden könnte: so überzeugte ich mich von der Richtigkeit dieses Verhaltens durch eigene Versuche.

Das mühsame und nicht ganz gefahrlose Aufschliefsen mit Fluorwasserstoffsäure kann dadurch umgangen werden.

Platintiegel anzuwenden ist nicht rathsam, da es schwie-

---

[1]) Anleitung zur quantitativen chemischen Analyse von Fresenius. 4. Aufl. S. 326.

[2]) Dies erinnert an ein gleiches Verhalten des Vesuvian, Granat und Epidot.

rig ist, die geschmolzene Masse eben so leicht aus denselben heraus zu schaffen, wie beim Aufschliefsen mit kohlensauren Alkalien.

Am Besten wendet man zum Aufschliefsen schmiedeeiserne Tiegel an, welche aber, wenn sie mehrmals dienen sollen, in hessische Tiegel eingesetzt werden müssen.

Beispielsweise das Aufschliefsen und die Analyse einer Lava nach diesem Verfahren.

Ungefähr 300 Gran fein gepulverte Lava kamen im Gebläsefeuer in einer halben Stunde im Eisentiegel zum Schmelzen und blieben eine Viertelstunde im Flufs. Nach dem Erkalten löste sich die geschmolzene Masse von dem Tiegel vollständig ab. Sie wurde fein gepulvert und geschlämmt und 12 Stunden lang mit Chlorwasserstoffsäure digerirt. Die abgeschiedene Kieselsäure war ganz weifs. Diese geschmolzene Lava gab einen Rückstand von 46,28%. Als derselbe nochmals mit Chlorwasserstoffsäure digerirt wurde, betrug er nur noch 44,41%. Thonerde wurde extrahirt und durch Fluorwasserstoffsäure die rückständige Kieselsäure gänzlich verflüchtigt. Durch Aufschliefsen jener Lava mittelst kohlensaurer Alkalien wurden 44,42% Kieselsäure, also ganz ebenso viel wie durch Schmelzen ohne Flufsmittel erhalten [1]).

Beim Aufschliefsen durch Fluorwasserstoffsäure erhält man die Basen als Sulphate. Beim Aufschliefsen durch Schmelzen erhält man sie als Chlorüre. Die bisherige Methode, die schwefelsauren Salze durch essigsauren Baryt zu zersetzen, und durch Glühen die essigsauren Salze in kohlensaure umzuwandeln, wird wohl stets die zweckmässigste bleiben, mögen die Alkalien durch Platinauflösung oder nach unserm Verfahren geschieden werden. In beiden Fällen müssen sie als Chlorüre angewandt werden.

Dieses Verfahren gewährt auch die volle Sicherheit, dafs die rückständigen Chlorüre nur alkalische sein können, mithin dafs die Chlorbestimmung durch salpetersaures Silberoxyd, worauf unsere Formel gegründet ist, ganz ge-

---

[1]) Ich bin in den Beschreibungen des Verfahrens etwas ausführlich, da meine Arbeit weniger Chemikern von Profession als Geologen zu Gesicht kommen wird.

naue Resultate liefert; denn die alkalischen Chlorüre vollkommen neutral darzustellen, ist eine leichte Aufgabe.

Es ist einleuchtend, dafs das Aufschliefsen basischer Alkalien haltender Gesteine durch Schmelzen vieles vor dem durch Flufssäure voraus hat.

1) Die Anwendung der Fluorwasserstoffsäure wird beseitigt.

2) Dieses Aufschliefsen fordert höchstens 1 Stunde Zeit, während das mit Fluorwasserstoffsäure, je nach der Stärke derselben und der Menge der Kieselsäure bei weitem mehr beansprucht.

3) Sind die Gesteine arm an Alkalien, wünscht man aber genaue Bestimmungen: so kann man jede beliebige Menge vom Gestein anwenden; denn es ist ganz einerlei, ob man mehr oder weniger schmilzt. Die Zeit des Aufschliefsens mit Fluorwasserstoffsäure steigt dagegen in geradem Verhältnifs mit den angewandten Mengen.

4) Beim Aufschliefsen durch Schmelzen reicht man mit einer Analyse aus, wenn man nicht der Controlle wegen eine zweite durch Aufschliefsen mit kohlensauren Alkalien unternimmt. Das Aufschliefsen mit Fluorwasserstoffsäure fordert dagegen eine wiederholte Behandlung, wenn man nicht die Kieselsäure aus dem Gewichtsverlust bestimmen will, was wohl kein Chemiker thun wird.

Ob vielleicht die strengflüssigsten Alkalien enthaltenden Silicate (Feldspathe) durch das stärkste Glühen gleichfalls aufgeschlossen werden können, mufs einer weitern Untersuchung vorbehalten bleiben.

Nach dem bisher üblichen Verfahren bei der Analyse alkalischer Silicatgesteine werden die Alkalien nach der Reihe an fünf Säuren, Fluorwasserstoffsäure, Schwefelsäure, Essigsäure, Kohlensäure und Chlorwasserstoffsäure geknüpft, ehe sie zur Scheidung durch Platinauflösung kommen.

Bei der Analyse derjenigen alkalischen Silicatgesteine, welche durch Schmelzen aufgeschlossen werden, bleiben die Alkalien von Anfang bis zum Ende der Scheidungsprocesse an Chlorwasserstoffsäure gebunden.

Bei dem bisherigen Verfahren bleibt die Magnesia die Begleiterin der Alkalien bis dahin, wo die an Essigsäure geknüpften Basen Carbonate geworden sind. Ich habe aber gefunden, dafs manchmal etwas von der Magnesia in die wässrige Lösung eingeht. Sie konnte nicht blos durch phosphorsaures Ammoniak nachgewiesen werden, sondern ihre Gegenwart ergab sich auch, wenn die Summe der durch die Formel gefundenen Werthe des Kalium und Natrium, als Chlorüre berechnet, mit der Menge der zur Scheidung angewandten Chlorüre nicht übereinstimmte.

Es kann nicht anders gedacht werden, als dafs bei zu starkem Glühen der essigsauren Salze die kohlensaure Magnesia ihre Kohlensäure verliert und mit den kohlensauren Alkalien ausgelaugt wird. Da Barytcarbonat, herrührend von überschüssig zugesetztem essigsaurem Baryt, in 4300 Theilen kalten und 2300 Theilen heifsen Wassers löslich ist, kann auch dieses in die Lösung eingehen.

Wie kann man daher Scheidungsprocessen Vertrauen schenken, deren Gelingen an so viele Zufälligkeiten geknüpft ist. Von einem gewissen Hitzgrade abhängig zu sein, ist eine mifsliche Sache. Bei dem üblichen Verfahren folgt die Magnesia den Alkalien bis zur Zersetzung der essigsauren Salze. Ganz anders verhält es sich, wenn nach der Fällung der Kalkerde durch oxalsaures Ammoniak die Magnesia durch phosphorsaures Ammoniak niedergeschlagen wird. Die gefällte phosphorsaure Magnesia ist bekanntlich in einer Flüssigkeit, welche phosphorsaures Ammoniak enthält, gänzlich unlöslich.

Der Gedanke lag nahe, dieses überschüssige phosphorsaure Ammoniak durch Kalkwasser und das im Ueberschufs zugesetzte Kalkwasser durch Kohlensäuregas zu fällen. Der durch freie Kohlensäure aufgelöste kohlensaure Kalk fällt beim Abdampfen der Flüssigkeit nieder. Zweckmäfsiger aber ist es noch, den überschüssigen Kalk durch oxalsaures Ammoniak zu fällen und den Ueberschufs beim Abdampfen durch Hitze zu zersetzen und zu verflüchtigen.

So gelingt es, die Alkalien frei von Kalk und Magnesia als Chlorüre darzustellen und aus ihrer Menge und aus der des Chlorsilber Kali und Natron nach der Formel zu berechnen.

Wünscht man die Alkalien nach der Zersetzung ihrer Chlorüre durch ein Silbersalz in einer Verbindung zu erhalten, welche leicht in Chlorüre wieder umgewandelt werden kann, um den Scheidungsprocefs mit demselben Material wiederholen zu können: so hat man nur statt salpetersaures Silberoxyd essigsaures zur Fällung des Chlor anzuwenden, in welchem Falle die Alkalien als essigsaure in der Flüssigkeit bleiben. Die Prüfung auf alkalische Reaction der nach dem üblichen Verfahren durch Zersetzung der essigsauren Salze erhaltenen kohlensauren Alkalien kann dann nachgeholt werden. Es ist dies indefs überflüssig; denn wir wiederholen es, ist die Summe aus den gefundenen Werthen von Kalium und Natrium, als Chlorüre berechnet, gleich der der angewandten Chlorüre: so ist ein Irrthum nicht wohl möglich.

Bei der Scheidung der Alkalien durch Platinauflösung fehlt diese Controle; es sei denn, dafs man das Chlor der alkalischen Chlorüre in den Platindoppelsalzen bestimmt und nach unserer Formel die Werthe des Kalium und Natrium und ihrer Chlorüre berechnet. Schwerlich wird dies aber jemals geschehen sein.

Da wir in den nach dem üblichen Verfahren sorgfältigst ausgeschiedenen Chlorüren dennoch hin und wieder etwas Chlormagnesium gefunden haben: so mag dies wohl auch bei den Analysen anderer Chemiker der Fall gewesen sein. Daher mögen wohl zum Theil die Schwankungen der Werthe der Alkalien in den Analysen verschiedener Chemiker rühren.

Begnügt man sich bei der Scheidung der Chlorüre durch Platinauflösung damit, nur das Kaliumplatinchlorid zu zersetzen, und das Chlorkalium damit zu bestimmen: so müfste geprüft werden, ob es nicht geringe Mengen Chlormagnesium oder Chlorbaryum enthalte. Dieselbe Prüfung ist mit dem in der Flüssigkeit zurückbleibenden Chlornatrium vorzunehmen. Unterläfst man diese Prüfungen: so kann entweder das Kali oder das Natron zu hoch bestimmt werden.

Da in unserm Verfahren das Chlor, welches sich mit dem Kalium und Natrium verbindet, ein Hauptfactor zur Berechnung der relativen Menge dieser Metalle ist: so darf keine andere Säure als Chlorwasserstoffsäure angewandt werden. Der Zusatz der Salpetersäure, um das in den Laven in so bedeutender Menge vorhandene Eisenoxydul in Eisenoxyd umzuwandeln, mufs daher vermieden werden.

Dieser Zusatz ist auch nicht nöthig, denn beim langen Abdampfen der mit viel Wasser verdünnten Flüssigkeit geht nach unseren Erfahrungen das Eisenchlorür in Eisenchlorid so vollständig über, dafs die vom Niederschlag durch Ammoniak abfiltrirende Flüssigkeit sich nicht im mindesten trübt.

Im Filtrat können demnach nur Chlorverbindungen vorhanden sein und durch die folgenden Scheidungsprocesse werden keine Säuren zugeführt, wodurch eine theilweise Zersetzung der alkalischen Chlorüre bewirkt werden könnte. Vor dem Abwägen der Chlorüre wurden sie stets geprüft, ob sie weder sauer noch alkalisch reagirten.

Es folgen nun die nach unserm Verfahren ausgeführten Analysen der Laven des *Laachersee*-Gebietes.

I. Vom *Bausenberg* am Ende des Stroms bei *Gönnersdorf.*

II. Vom Fufs des *Bausenbergs*, Sohle des Kraters, Anfang des Stroms.

III. Lava vom *Veitskopf* nach dem *Laachersee* zu.

IV. Lava vom *Forstberg.*

V. Lava zwischen *Obermendig* und *Thür.*

VI. Lava vom *Hochkreuz.*

VII. Lava von *Niedermendig*, oberer Strom (sog. Mucken).

VIII. Lavaschlacken vom Krater des *Krufterofens.*

IX. Lava vom *Kunkskopf.*

X. Lava vom *Hochstein.*

	I.	II.	III.	IV.	V.
Kieselsäure	42.37	43.24	43.37	40.26	47.31
Thonerde	11.45	11.36	11.25	11.55	11.18
Eisenoxyd	27.80	26.60	29.06	21.80	22.28
Kalk	11.19	10.84	10.18	11.09	11.22
Magnesia	1.62	1.70	0.67	7.61	1.89
Kali	2.79	2.43	2.95	4.21	2.46
Natron	1.59	1.90	1.98	1.43	2.98
Glühverlust	0.19	0.16	0.05	0.25	1.20
	99.00	98.23	99.51	98.20	100.52

	VI.	VII.	VIII.	IX.	X.
Kieselsäure	46.99	50.32	44.62	44.42	45.40
Thonerde	12.28	14.54	13.06	11.86	13.66
Eisenoxyd	20.73	18.60	20.96	26.10	22.16
Kalk	10.66	7.96	9.56	10.74	12.36
Magnesia	2.90	1.57	4.59	0.67	1.32
Kali	2.62	4.36	2.52	2.98	3.47
Natron	3.96	2.54	2.99	2.77	1.29
Glühverlust	1.20	0.64	0.96	0.80	1.70
	101.34	100.53	99.26	100.34	101.36

Für den andern Strom des *Veitskopfs* nach *Glees* hin wurde blos der Alkaliengehalt ermittelt; es fanden sich 3.11 Kali und 1.75 Natron. Sowohl die Menge der Alkalien als insbesondere ihre Summe (4.86) stimmt sehr genau mit den Zahlen der Analyse III (Strom des *Veitskopfs* nach dem *Laachersee* zu) überein (2.95 Kali, 1.98 Natron; Summe 4.93), so dafs es sehr begreiflich wird, wie beide Ströme aus demselben Krater geflossen sind.

I und II vom *Bausenberg* stimmen so nahe mit einander, dafs man beide Laven wohl für identisch halten kann. Es kann sein, dafs solche geringe Differenzen sich ergeben, wenn von demselben Lavablock Proben an verschiedenen Stellen abgeschlagen werden. Es ist eine interessante Thatsache, einen eine halbe Meile langen Lavastrom gefunden zu haben, der eine so nahe gleiche chemische Zusammensetzung besitzt.

Für den *Bausenberg* wurde aufser den vollständigen Analysen I und II noch der Alkaliengehalt zweier Schlacken untersucht. Die eine Schlacke aus der Mitte des Kraters ergab 3.27 Kali und 1.56 Natron (Summe 4.83), Mengen, welche mit denen in I und II sehr nahe übereinstimmen. In der andern Schlacke von der Höhe des Kraters fanden sich aber 2.26 Kali und 2.89 Natron (Summe 5.15), ein durch das Vorwalten des Natrons durchaus abweichendes Verhältnifs.

Eigenthümlicher Weise kehrt dasselbe Verhältniſs am *Herchenberg* wieder. Die dortige Lava ergab bei der Alkalienprüfung 4.82 Kali und 2.49 Natron (Summe 7.31), die Schlacke von der Höhe des *Herchenbergs* 3.52 Kali und 4.43 Natron (Summe 7.95).

In ganz entsprechender Weise verhalten sich die Alkalienmengen in drei Schlacken, welche in verschiedenen Höhen des *Roderbergs* bei *Mehlem* am Rhein abgeschlagen wurden.

	Kali	Natron	Summe
vom Fuſs	3.234	2.117	5.351
von der Mitte des Abhangs	2.994	2.581	5.575
» » Höhe	1.973	3.608	5.581

Kaum kann es ein merkwürdigeres Beispiel einer Abnahme des Kali und einer Zunahme des Natron mit der Höhe geben, als auf dem *Roderberg*. Es ist sehr wahrscheinlich, daſs aus solchen vulkanischen Gesteinen das Kalisilicat durch die Kohlensäure der Gewässer in gröſserem Verhältnisse als das Natronsilicat zersetzt und als Kalicarbonat fortgeführt wird. Da die Gewässer vom Gipfel der Berge nach unten ihren Lauf nehmen, so muſs also von oben nach unten eine zunehmende Extraction des Kali und von unten nach oben eine procentarische Anreicherung des Natrons stattfinden.

Von vier Schlacken des *Laachersee*-Gebiets wurden noch die Alkalienmengen ermittelt, ohne die übrigen Bestandtheile zu bestimmen; es enthält die Schlacke

	Kali	Natron	Summe
vom *Hochsimmer*	3.98	2.23	6.21
» *Camillenberg*	2.38	2.73	5.11
» *Schweinskopf* (schwarz)	3.23	4.09	7.32
» groſsen *Wannen* . .	2.71	2.70	5.41

Uebergänge frischer Laven in veränderte scheinen nirgends im *Laachersee*-Gebiet auffallender vorzukommen, als zu *Obermendig*. Meinem Freunde Dressel verdanke ich 3 Stufen solcher veränderter Laven, deren ermittelte Alkalienmengen, verbunden mit einer Vergleichung der frischen Laven von *Obermendig*, hier folgen:

	Kali	Natron	Summe
Unveränderte Lava von *Obermendig*	3.532	2.302	5.834
Veränderte Lava Nro. 1	1.122	1.714	2.836
» » » 2	0.876	1.654	2.530
» » » 3	0.366	2.031	2.397

Mit Rücksicht auf die unveränderte Lava wurden demnach fortgeführt:

	Kali	Natron
aus der veränderten Lava Nro. 1	2.410	0.588
» » » » » 2	2.656	0.650
» » » » » 3	3.166	0.271

Hier ergibt sich abermals, dafs bei beginnender Veränderung das Kali in einem erheblich gröfsern Maafse fortgeführt wird, als das Natron.

Wir haben das Wort „Veränderung“ gewählt zur Bezeichnung des ersten Stadium der Wirkung der Atmosphärilien auf die Laven, wodurch nur eine theilweise Fortführung vorzugsweise der Alkalien bewirkt wird, ohne dafs aber die Lava ihren Zusammenhalt verliert.

Das letzte Stadium der Lava, die vollständige Fortführung der Alkalien, der alkalischen Erden und das Zerfallen in Thon ist der Act der gänzlichen Zersetzung. Ich habe keine Gelegenheit gefunden, eine solche Lava-Erde der chemischen Analyse zu unterwerfen.

Aus den vorstehenden Untersuchungen ergibt sich, dafs in den meisten Laven des *Laachersees* ein ziemlich bedeutendes Ueberwiegen des Kali über das Natron stattfindet. Wo dies nicht der Fall ist, da halten sich beide Alkalien gewöhnlich fast das Gleichgewicht und nur in sehr spärlichen Fällen übertrifft das Natron wirklich das Kali an Menge.

Dieses Ueberwiegen des Kali über das Natron in den *Laacher* Laven findet durch die Resultate der neuerdings angestellten mikroskopischen Untersuchungen seine Deutung; denn dieselben enthalten alle reichlich mikroskopischen Leucit, den man früher gar nicht darin vermuthete. Noch keine Lava des *Laacher*-Gebiets wurde untersucht, welche nicht voll von Leucit gewesen wäre. So gehen chemische und mikroskopische Analyse einander bestätigend und erklärend Hand in Hand. Die verhältnissmäfsig gröfsere Natronmenge in einigen Laven wird wie bei denen des *Vesuv* genügend durch die reichlichere Gegenwart von mikroskopischem Nephelin erklärt.

In Beziehung auf die mikroskopische Zusammensetzung dieser Laven theilte F. Zirkel[1]) Nachstehendes mit.

[1]) F. Zirkel, Unters. üb. d. Basaltgesteine. 1870. 160 u. 44.

Die Laven in der Umgegend des *Laachersees* bieten vorzügliche Beispiele derjenigen Gruppe der Basaltlaven dar, welche durch das Vorherrschen des Leucit charakterisirt ist. Leucit und Augit bilden unzweifelhaft die beiden hauptsächlichsten Gemengtheile, zu denen sich — aufser Olivin und dem nie fehlenden Magneteisen — gewöhnlich noch Nephelin gesellt, der aber hier gegen den Leucit stets zurücktritt. Der Leucit zeichnet sich in den Dünnschliffen durch seine farblosen, nicht polarisirenden, weil einfach brechenden Durchschnitte von achteckigem oder rundlichem Umrifs, sowie durch das Bestreben aus, fremde Körperchen (höchst winzige Augitnädelchen, Magneteisenkörnchen, Glaskörnchen) in seine Masse einzuschliefsen und zwar zonenförmig zu gruppiren. Die durchschnittliche Gröfse der stets mikroskopischen Leucite in diesen Laven beträgt etwa 0.04 Mm., nur sehr selten steigt dieselbe auf oder über 0.1 Mm. Mehrere von den Leucitlaven dieses Terrains führen auch wohlausgebildeten triklinen Feldspath, freilich meist nur in spärlicher Menge, Sanidin konnte aber in ihnen nicht aufgefunden werden. Einige zeichnen sich noch durch einen gröfsern Melilithgehalt, andere durch häufigere Einmengung von Hauyn und Glimmer aus. Von allen Gemengtheilen tritt gewöhnlich nur der Augit und, wenn sie überhaupt vorhanden, daneben noch Olivin und Glimmer makroskopisch porphyrartig ausgeschieden hervor. Mikroskopische secundäre Neubildungsproducte finden sich in diesen Laven nur sehr spärlich und ihre Olivine sind im Gegensatz zu denjenigen der meisten Basalte fast durchgängig recht frisch und wenig angegriffen, so dafs man mit Rücksicht auf die höchst leichte Verwitterbarkeit dieses Gemengtheils die Laven als nur ganz spurenhaft verändert ansehen mufs. Damit stimmt zusammen, dafs aus den meisten Laven dieses Gebiets nur äufserst wenig Kohlensäure entwickelbar ist, ein Beweis, dafs ihre Silicate sich noch kaum in Carbonate zersetzt haben. Eine Ausnahme macht die Lava vom *Herchenberg*, in deren Hohlräumen sich viel wohlerkennbarer kohlensaurer Kalk angesiedelt hat; es ist kaum zweifelhaft, dafs er von dem sehr kalkreichen Melilith herstammt, der gerade in dieser Lava in besonderer Menge vorhanden ist, und dessen citronengelbe Durchschnitte schon merklich trüb verändert sind.

In die Poren der Dünnschliffe der *Laacher* Laven ragen recht häufig niedliche, vom Schleifen verschont gebliebene farblose mikroskopische Nepheline und blafsgrüne Augitkryställchen hinein. Die Nepheline sind selbst in diesen Hohlräumchen, welche der Feuchtigkeit jedenfalls am leichtesten zugänglich waren, meist von einer vorzüglichen Frische und so thut sich auch hierdurch kund, wie wenig noch umwandelnde Einflüsse in diesen Laven gespielt haben.

Zu den Leucitlaven dieses Gebietes gehören z. B. diejenigen vom *Veitskopf*, vom *Bausenberg*, vom *Kunkskopf*, vom *Difelder Stein* bei *Wehr*, vom *Forstberg*, vom Wege zwischen *Bürresheim* und *St. Johann*, von *Niedermendig*, vom *Fornicher Kopf* bei *Brohl*, vom *Tauber* bei *Burgbrohl*, von *Glees*, vom *Kappesstein* bei *Plaidt*, vom *Camillenberg* u. s. w. Dieser erst jüngst durch das Mikroskop erkannte Gehalt an Leucit rückt dieselben in die unmittelbare Nähe derjenigen des *Vesuvs* und des *Albaner* Gebirges bei *Rom*. Auch ein grofser Theil der *Eifeler* Basaltlaven führt reichlichen Leucit, z. B. die von *Uedersdorf*, von *Birresborn* an der *Kyll*, vom *Wehrbusch* bei *Daun*. Etwas anders zusammengesetzt sind die feldspathfreien *Laacher* Laven vom *Herchenberg* und von der *Hannebacher Ley*, welche vorzugsweise aus Nephelin, Melilith und Augit bestehen und worin der Leucit sehr zurücktritt.

Kapitel XV.

Schlacken.

Weder die geognostischen Verhältnisse, noch die specifischen Gewichte, noch die chemische Zusammensetzung der Laven und der Schlacken berechtigen uns, beide von einander zu trennen. Gesteine, welche eine gleiche Zusammensetzung haben und sich nur darin von einander unterscheiden, dafs die einen mehr, die anderen weniger porös sind, können eigentlich keine verschiedene Namen haben. Niemanden wird es einfallen, ein gewisses Volumen der Poren als Grenze zwischen Laven und Schlacken statuiren, etwa ein Gestein, dessen Poren weniger als 5% betragen, Lava, ein anderes, dessen Poren mehr als 5% betragen, Schlacke nennen zu wollen.

§. 34. Bildung der Schlacken durch Gase oder Dämpfe.

Schlacken sind durch Schmelzen entstandene mehr und weniger poröse Substanzen. Bei hüttenmännischen Processen sorgt man dafür, dafs die Schlacken so dünnflüssig werden als nöthig ist, damit die reducirten und geschmolzenen Metallkügelchen leicht durch dieselben sinken können. Auch beim Probiren der Erze auf trockenem Wege wendet man Flufsmittel an, um denselben Zweck zu erreichen. Zeigt sich die Schlacke nach dem Zerschlagen des erkalteten Tiegels nicht porös, sondern dicht: so ist dies ein Zeichen, dafs man in der Wahl der Flufsmittel glücklich war. Es finden sich dann auch keine, oder doch nur wenige, Metallkörner in der Schlacke.

Bei manchen chemischen Processen zeigt sich die Blasenbildung durch Wasserdämpfe in dickflüssigen Substanzen auf eine auffallende Weise. So beim Abdampfen einer wässrigen Lösung von Chlorcalcium. Die dünnflüssige Lösung wird durch fortgesetztes Abdampfen immer dickflüssiger, endlich in einem solchen Grade, dafs sie durch die entweichenden Wasserdämpfe zu grofsen Blasen aufgebläht wird. Durch Umrühren zerplatzen letztere und das wasserfrei gewordene Salz scheidet sich ab. Durch verstärkte Hitze schmilzt es zu einer dichten Masse.

Unsere Schmelzversuche haben dargethan, dafs Gesteine durch Schmelzen um so poröser werden, je weniger sie in dünnflüssigen Zustand übergeführt werden können.

Bringt man eine poröse Lava oder Schlacke zum dünnen Flufs: so verschwinden die Poren. Die erstarrte Masse erscheint so dicht wie die dichteste Lava oder wie Basalt.

Enthält ein vulkanisches Gestein Hydratwasser, welches erst in der Hitze entweicht, in welcher das Gestein dickflüssig wird, so bläst der Wasserdampf gleichfalls eine Kugel auf. In demselben Feuer werden Schlacken und Laven gleich dünnflüssig, so dafs sie sich beim Ausgiefsen in gleich dünne Fäden ausziehen. Bimsstein und Lava schmelzen ziemlich nahe in gleicher Glühhitze. Aber welcher Unterschied im Flüssigkeitszustande! Mit steigender Hitze wird die Lava so dünnflüssig, dafs sie beim Ausgiefsen haardicke Fäden bildet, während der geschmolzene Bimsstein, wie später angeführt, beim Neigen des Tiegels sich nur sehr wenig fortbewegen läfst. Wenn sich daher aus einer so dickflüssigen Masse Wasserdämpfe entwickeln: so müssen grofse Poren entstehen. So hatte sich bei einem Schmelzversuche des Bimsstein neben kleinen Poren ein ovaler Höhlenraum gebildet, dessen gröfster Durchmesser $1^3/_4$ und dessen kleinster 1 Zoll betrug.

Die in Wasser gegossene geschmolzene Lava, welche zwischen den Fingern leicht zerbröckelt werden kann, schliefst grofse Poren ein. Die Bedingungen zur Bildung derselben sind gegeben: schneller Uebergang in den dickflüssigen Zustand und Wasserdämpfe, welche die dickflüssige Masse aufblasen.

Lava, welche in Flüsse, See'n und in das Meer fliefst, wird dieselben Wirkungen hervorbringen.

§. 35. Wasserdampf-Exhalationen.

Die Dampfentwicklungen aus Krateren können nur

von den Gewässern herrühren, die zwischen den Schichtungsflächen der Gebirge sickern und aus diesen in die Canäle gelangen, in denen Lava und andere vulkanische Producte aufsteigen. Je mehr das Gebirge zerklüftet ist, desto mehr Dämpfe entwickeln sich. Aus dem *Vesuv*, dessen Canäle das so sehr zerklüftete Kalkgebirge durchbrochen haben, stiegen und steigen noch gewifs mehr Dämpfe auf, als aus dem nur enge Schichtungsflächen enthaltenden Thonschiefergebirge, welches die erloschenen Vulkane des *Laachersee*-Gebietes und der *Eifel* durchbrochen haben, aufgestiegen sind.

Beachtet man, dafs die Dampfentwicklung in der Tiefe beginnt, bis zu welcher die Quell- oder Meerwasser hinabdringen: so wird das Massenhafte der Dampfentwicklungen in den dem Meere nahen Vulkanen anschaulich. Die gröfste bis jetzt gefundene Meerestiefe beträgt 1,891 geographische Meilen. Bis zu einer solchen Tiefe kann daher das Meerwasser in die Canäle der dem Meere nahen Vulkane dringen. Noch tiefer kann es hinabgelangen, wenn der Meeresboden nicht wasserdicht ist, sondern wie der Boden der Flüsse aus mächtigen Lagern loser Massen besteht.

Dies sind die Extreme des Möglichen. Schwerlich wird man in der Nähe des festen Landes und der Inseln, wo Vulkane vorkommen, solche Meerestiefen finden. Ist diese Tiefe nur 1000 Fufs: so findet die Dampfentwicklung in den Canälen der Vulkane gleichzeitig bis zu dieser Tiefe statt, und hält so lange an, als nicht die Wände der Canäle durch die Dampfbildung abgekühlt worden sind. Sie erneuert sich aber wieder, wenn wiederholte Eruptionen eintreten und durch die in den Canälen aufsteigende Lava u. s. w. die Wände wieder erhitzt werden. Ein solcher Wechsel zwischen Lava-Eruptionen und Dampf-Exhalationen kann sich während langer Zeiträume wiederholen.

Die noch thätigen Vulkane liegen gröfstentheils in der Nähe der Meeresküsten, die erloschenen meist fern von denselben. Grofs ist die Zahl der ersteren, kleiner die der letzteren.

Schon längst haben die Naturforscher aus dem Vorkommen der thätigen Vulkane nahe am Meere geschlossen, dafs Wasser eine wichtige Rolle bei vulkanischen Erscheinungen spielen müsse. Die Exhalationen von Wasserdämpfen bei und nach den vulkanischen Eruptionen haben diesen Schlufs zur völligen Evidenz erhoben.

Zeugen dafs Meerwasser in den Heerd des *Vesuv* gedrungen ist und noch dringt, sind die Exhalationen von Salzsäuregas und die Sublimationen von Chlorüren.

Wasserdicht sind die Gebirge nicht, welche das Meer vom Lande trennen. Am wenigsten sind es die Kalkgebirge, aus denen die wasserreichsten Quellen und sogar Flüsse kommen.

Der 3695 Fufs hohe *Vesuv*, dessen Grundgebirge Apenninenkalk ist, liegt nahe eben so weit vom Meere ab. Also schon 3695 F. unter dem Gipfel des Krater beginnt die Communication zwischen den Spalten, welche vom Krater bis zu grofsen Tiefen sich hinabziehen. Diese Communication dauert fort bis zu dem Liegenden des Kalkgebirges. Der zunehmende hydrostatische Druck des Meeres prefst das Wasser durch die engsten Klüfte und Absonderungsflächen der Schichten. Der Vulkan ist mit einem 3695 F. tiefen Brunnen zu vergleichen, dessen Wasserstand im constanten Niveau mit dem Meeresspiegel zur Zeit der ruhenden Thätigkeit des *Vesuv* bleibt.

So tief als die Spalten sich hinabziehen, so tief sinken die Meerwasser nieder. In Folge der Temperaturzunahme mit der Tiefe steigt ihre Temperatur bis zur Siedhitze und noch höher unter dem Drucke hoher Wassersäulen, Wasserdämpfe mit hoher Spannung steigen im Krater auf.

Wie sich in den Dampfkesseln die sogenannten Kesselsteine bilden, so setzen sich auch in den Spalten die Salze des Meerwassers ab. Sie verstopfen nach und nach die Canäle, welche das Wasser zuführen. Da diese Salze etwa 4⁰/₀ betragen: so scheidet sich aus 25 Theilen verdampfenden Wassers 1 Theil Salz ab, eine bedeutende Gröfse, wenn man sie mit den unermefslichen Dampfentwicklungen aus manchen Kratern, wie z. B. aus dem *Gunung Slamat* auf *Java* vergleicht. Selbstredend müssen die Absätze in den Spalten in einem viel gröfseren Verhältnisse fortschreiten, als in den Dampfkesseln, in denen Brunnen- oder Flufswasser von geringem Salzgehalt verdampft. Je mehr und je schneller Wasserdämpfe aus den Spalten aufsteigen, desto schneller tritt Verstopfung ein. Dafs indefs die Dampfentwicklung in abnehmenden Verhältnissen während langer Zeiträume anhalten kann, zeigen die Solfataren und der seit undenklichen Zeiten thätige *Stromboli*, der schon in einer Tiefe von 2520 F. unter seinem Gipfel mit dem ganz nahen Meere communicirt.

Sollten sich Spalten, in welche Meerwasser fliefst, bis zu Tiefen hinabziehen, in denen flüssige Lava vorkommt: so würden bedeutende Dampfentwicklungen eintreten. Die Lava würde bis zu einer gewissen Tiefe erstarren und die Spalte verstopfen.

Das unterirdische Donnern, welches man vor den vulkanischen Eruptionen hört, und die Erderschütterungen, welche man verspürt, sind Zeichen, dafs neue Spalten aufreifsen, die den Zutritt des Meerwassers und dadurch Dampfentwicklungen möglich machen. Verstopfungen im höhern Grade treten selbstredend ein, wenn die Kraft, welche die Lava hebt, zu wirken aufhört, ehe diese gänzlich ausgeflossen ist und wenn sie sodann in den Spalten erstarrt. Wahrscheinlich ist dies der gewöhnliche Fall und dann ist das Aufreifsen neuer Spalten eine Nothwendigkeit, wenn die vulkanische Thätigkeit wie beim *Vesuv* und andern noch thätigen Vulkanen während langer Zeiträume anhält. Wo sie mit einer Eruption erlöscht, indem die vorräthige Lava durch eine einzige Eruption erschöpft wird, da erreicht diese Thätigkeit überhaupt ihr Ende.

Selbstredend ist, dafs weder die erstarrte noch die unter ihr befindliche flüssige Lava durch Dampfkraft gehoben werden könnte.

Dies ist überhaupt die Schattenseite der Hypothese, wonach die Wasserdämpfe es sein sollen, welche die Lava zum Aufsteigen bringen. Wie sich in den Dampfmaschinen die Wasserdämpfe in einem geschlossenen Raume, im Dampfkessel, entwickeln und den Kolben in Bewegung setzen: so müfste es auch geschehen, wenn diese Dämpfe die Lava heben sollten. Wie kann aber ein fortwährendes Eindringen von Wasser in einen ringsumher geschlossenen unterirdischen Dampfkessel zur Erneuerung des verdampfenden Wassers gedacht werden? Die Natur hat, wie schon früher bemerkt, keine Hähne und Ventile, welche sich wie in den Dampfmaschinen abwechselnd öffnen und schliefsen. Kurz man mag die Sache drehen und wenden wie man will, man wird durchaus nicht zu einer klaren Vorstellung kommen, das Aufsteigen der Lava aus grofsen Tiefen durch Dampfkraft zu erklären. Diese Kraft spielt aber eine grofse Rolle beim Auswurfe der Projectile.

Anders verhält es sich mit den weit vom Meere abgelegenen Vulkanen. Sind nach unserer Anschauung Senkungen die ersten Acte einer beginnenden vulkanischen Thätigkeit: so sammeln sich die Meteorwasser in den sich bildenden Kesselthälern. Seen entstehen, deren Tiefe in Folge fortschreitender Senkungen so lange zunimmt, als die vulkanischen Erscheinungen anhalten. Da Senkungen Dislocationen in den sinkenden Massen hervorrufen: so wird das Niedersinken der Gewässer der Seen bis zu grofsen Tiefen möglich. Communiciren diese Gewässer mit Spalten, welche sich bis zum Heerde der Vulkane hinabziehen, bis zur geschmolzenen Lava: so sind dieselben Verhältnisse wie bei den Vulkanen in der Nähe des Meeres gegeben. In diese dringen die Gewässer seitwärts, in jene abwärts. Dort ist der Zuflufs unbeschränkt, hier kann er unterbrochen werden, wenn das Wasser des Sees erschöpft wird.

Der *Laachersee* hatte seine gröfste Tiefe erlangt, als die Senkung seines Bodens ihr Ende erreicht hatte. Dies war aber auch das Ende der Lava-Ausbrüche; denn diese sind ja nach unserer Ansicht das Werk der Senkungen.

Während der längeren oder kürzeren Dauer der vulkanischen Thätigkeit in den den *Laachersee* umgebenden Krateren wurden gewifs eben so grofse Massen Projectile (vulkanische Asche, Bimsstein und vulkanische Bomben) in den See geschleudert, als wir sie aufserhalb desselben finden. Dadurch konnte der Seeboden wasserdicht, und der Wasserabflufs gehemmt werden. Uebersehen wir aber nicht, dafs der Auswurf jener Projectile der letzte Act der dortigen vulkanischen Thätigkeit war und dafs dazu die gröfsten Mengen Wasserdampf erforderlich waren. Im Gegentheil mufs man daher vermuthen, dafs in dieser Periode ungewöhnliche Wassermengen in die Krater geflossen sein müssen.

Entstanden Spalten im Seeboden, wenn auch noch so

enge: so konnten in kurzen Zeiten bedeutende Quantitäten Wasser in die Tiefe und in die noch glühenden Canäle dringen, in denen Lava aufgestiegen war. Dämpfe kamen in die Krater und mit um so gröfserer Spannung, je heifser die Canäle waren. Flofs nach und nach alles Seewasser in diese unterirdischen Räume: so hielt die Dampfentwicklung während langer Zeiträume an, und ebenso lange dauerten die Auswürfe der Projectile fort. War das Ende aller vulkanischen Erscheinungen eingetreten: so konnten die Spalten durch vom Regenwasser herabgeführte Tuffe verstopft werden. Diesen Annahmen gemäfs würde der dermalige *Laachersee* ein regenerirter sein; denn da er rings umher von den Bergabhängen eingeschlossen ist: so konnte ihm nur auf künstlichem Wege ein Abflufs verschafft worden sein.

Die aus dem Krater aufsteigenden Dampfwolken condensiren sich in den höheren Regionen der Atmosphäre und fallen als Regen theils in den Krater zurück, theils auf seine Umgebungen. So konnte das Wasser des *Laachersee* eine solche Rundreise wiederholt machen.

§. 36. Kohlensäuregas-Exhalationen.

Den colossalen Wasserdampf-Exhalationen kommen in Beziehung auf Frequenz die Kohlensäure-Exhalationen nahe.

Wo die Canäle der Vulkane im Kalkgebirge sich befinden, da zersetzt die aufsteigende geschmolzene Lava den kohlensauren Kalk: Kohlensäure entwickelt sich, der Kalk schmilzt mit der Lava zusammen und macht sie leichtflüssig. Die Zersetzung des kohlensauren Kalk durch die geschmolzene Lava erfolgt bei geringerer Temperatur als durch Hitze allein.

Nach Boussingault ist in den Exhalationen der *südamerikanischen* Vulkane Kohlensäure ein ganz gewöhnlicher und nächst dem Wasserdampfe der am meisten vorwaltende Bestandtheil.

Am *Vesuv* ist sie während der Eruptionen nur bisweilen nachgewiesen worden. Dagegen erscheint sie häufig nach den Eruptionen in der Umgegend dieses Vulkans in bedeutenden Mengen und bildet die sogenannten Mofetten [1]).

[1]) Naumann a. a. O. S. 112.

Schwierig ist es freilich zu erklären, warum die Mofetten erst nach den Eruptionen eintreten. Können aber nicht die aus dem Krater strömenden Wasserdämpfe Kohlensäuregas enthalten? Jene werden sichtbar, wenn sie sich condensiren, nicht aber dieses. Das Auffangen der Exhalationen zur chemischen Untersuchung ist während der Eruption nicht möglich.

Kommt die Lava nach vollendetem Ausflufs in ihren Canälen zum Stagniren, bleibt aber die Kohlensäure-Entwicklung noch im Gange: so ist der Ausweg des Gases nach oben verstopft. Communiciren mit dem verstopften Canal Absonderungsflächen im Kalkgebirge: so strömt das Gas zwischen demselben in Klüfte und Spalten, welche in diesem Gebirge so häufig sind, und kommt so zu Tage.

Man könnte versucht werden anzunehmen, dafs wie am *Vesuv* so auch in den Umgebungen des *Laachersee* die Kohlensäure-Exhalationen, welche hier auf eine exorbitante Weise vorkommen, der letzte Act der früheren vulkanischen Thätigkeit seien. Dieser Annahme widerspricht aber schon der Umstand, dafs diese Exhalationen nicht hier wie dort vorübergehende, sondern permanente Erscheinungen sind. Dazu kommt, dafs sie am *Laachersee* nicht aus Krateren kommen, sondern in Thälern aus Sauerquellen aufsteigen. Vorzugsweise sind es die Kesselthäler, in denen sie in gröfsten Mengen auftreten. So im Thal von *Wehr* und in dem mit Wasser erfüllten Becken des *Laachersee.*

Bemerkenswerth ist, dafs das nordwestlich vom See gelegene *Brohlthal* eine absolute Grenze bildet; denn in dem mit ihm parallelen und nur 800 Ruthen davon entfernten *Vinxtthale*, in welchem sich ein Lavastrom vom *Bausenberg* herabzieht, findet sich auch nicht eine Spur eines Säuerlings.

In früheren Zeiten, ehe noch der Abflufs des Sees tiefer gelegt worden war, durchschiffte ich den See nach verschiedenen Richtungen, aber nur an den Ufern, wo dessen Tiefe 20 Fufs nicht überschritt, stiegen einzelne Gasblasen auf. Nachdem aber der Abflufs um 20 Fufs erniedrigt worden ist, zeigen sich an verschiedenen Stellen Gasentwicklungen von so bedeutendem Umfange, dafs das Wasser zu kochen scheint. Könnte der See gänzlich abgelassen werden: so würde die Gasentwicklung gewifs in einem aufserordentlichen Grade zunehmen.

Kesselthäler können nur durch Senkungen entstehen. Senkungen bewirken Zerklüftungen im Gestein. Durch Klüfte steigen Gase auf. Daher die bedeutenden Entwicklungen des Kohlensäuregas in Kesselthälern.

Während die Kohlensäure-Exhalationen in den Umgebungen des *Vesuv* gewifs nichts anderes als vulkanische Producte sind, da sie nur nach vulkanischen Eruptionen sich zeigen, können diese Exhalationen in den Umgebungen des *Laachersee* in keinem Falle einen solchen Ursprung haben.

Exhalationen anderer Gase aus Vulkanen, Schwefelwasserstoff, Schwefligsäuregas, Salzsäuregas finden nur in sehr geringem Grade statt. Sie können daher nur in sehr seltenen Fällen eine Schlackenbildung herbeiführen.

§. 37. Schmelzbarkeit der Schlacken. Versuche.

Es ist klar, dafs die aus Lava gebildeten Schlacken dieselbe Schmelzbarkeit und chemische Zusammensetzung besitzen müssen wie die Lava, woraus sie hervorgegangen sind. Es reichte also hin, nur die Schmelzbarkeit solcher Schlacken zu ermitteln.

Dazu dienten die am nördlichen Abhange des *Roderberg* (des *Bonn* am nächsten gelegenen erloschenen Vulkanes) in bedeutenden Massen vorkommenden Schlacken. In Beziehung auf die Gröfse der Poren zeigen sie sich verschieden. Die Schlacken auf der Höhe des Abhanges besitzen kleine, die durch Steinbrüche aufgeschlossenen Lager am untern Theil des Abhanges grofse Poren.

Versuch. In eine Probirtute wurde Lava, in eine zweite Schlacke, welche kleine Poren und in eine dritte ebenfalls Schlacke, welche grosse Poren enthielt, gebracht. Die Quantitäten dieser gepulverten Substanzen waren gleich. Diese drei Probirtuten wurden in den Windofen so gestellt, dafs sie gleichen Hitzgraden ausgesetzt waren. Nach einstündigem Feuer wurden sie gleichzeitig herausgenommen.

Die Lava flofs in einem dünnen Strahle aus, der, wenn man sie 4 Fufs hoch herabfliefsen liefs, die Dicke eines Haares erreichte. Ebenso verhielt sich die geschmolzene Schlacke, welche kleine Poren enthalten hatte. Die andere

Schlacke hatte als Flufsmittel auf den Tiegel gewirkt, ihn durchbohrt und war schon im Feuer ausgeflossen.

Die geschmolzene Schlacke war demnach ebenso dünnflüssig wie die geschmolzene Lava. Bei Wiederholung dieses Versuchs mit einer Schlacke, welche grofse Poren hatte, und einer andern von der Mitte des Bergabhanges, welche kleine Poren hatte, und mit Lava, wurden die drei Tiegel von den geschmolzenen Massen durchbohrt. Hieraus ergab sich, dafs sie in gleichem Grade als Flufsmittel gewirkt haben müssen.

§. 38. Communication der Poren bei den Schlacken.

Um zu ersehen, ob die Poren mit einander communiciren oder nicht, wurde auf eine aus der Mitte einer rothen grofsporigen Schlacke vom *Camillenberg* herausgeschlagene Probe verdünnte Schwefelsäure gegossen und dieselbe unter die Luftpumpe gebracht. Im Vacuum blieb sie 24 Stunden lang. Nachdem sie lufttrocken geworden, wurde die äufsere Schale ringsumher abgeschlagen und der Kern in destillirtes Wasser gelegt. Die Prüfung der abgegossenen Flüssigkeit mit Chlorbaryum ergab, ob die Schwefelsäure in das Innere gedrungen war oder nicht; denn selbst wenn die Säure zersetzend auf die Schlacke gewirkt haben sollte: so hätten sich doch nur lösliche Sulphate bilden können, da Baryterde nicht vorhanden ist.

Reagirt Chlorbaryum: so ist es klar, dafs Poren mit einander communiciren. Bei Bestimmung der specifischen Gewichte ganzer Stücke Schlacken füllen sich alsdann die Poren mit Wasser und es wird das spec. Gewicht eben so grofs gefunden als im gepulverten Zustande. Communiciren dagegen die Poren nicht mit einander und mit der Oberfläche: so erhält man nicht das wahre spec. Gewicht der Schlacke, sondern, wenn die Poren mit Luft erfüllt sind, das mittlere spec. Gewicht zwischen der Schlacke und der Luft, mithin ein zu geringes.

Als in ein 4 Zoll langes, $2^1/_2$ Zoll breites und hohes Stück Schlacke ein einige Linien tiefes Loch gebohrt wurde, welches immerfort mit Wasser gefüllt blieb, tropfte es erst nach 4 Tagen unten ab. Das ganze Gestein war vom Wasser durchdrungen.

Es ist also unzweifelhaft, dafs bei weitem die meisten Poren mit einander communiciren.

Das spec. Gewicht der Schlacke war:

in ganzen Stücken	2,902
als ungeglühtes Pulver	2,913
» geglühtes »	2,919

Da das spec. Gewicht des ungeglühten Pulvers gröfser als das ganzer Stücke ist: so ist zu schliefsen, dafs einzelne Poren in der Schlacke existiren, welche ringsumher geschlossen sind; in welchem Falle, wie oben bemerkt, das spec. Gewicht zu niedrig bestimmt wird. Wird dagegen die Schlacke fein gepulvert: so werden diese Poren zerstört und das spec. Gewicht mufs zunehmen.

§. 39. Verfahren zur Bestimmung der Porosität.

Die Aufgabe war zu lösen, das spec. Gewicht der porösen Substanz ohne Poren und mit ihren Poren zu bestimmen. Aus diesen Werthen ergibt sich das relative Verhältnifs des Volumen der Masse zu dem der Poren.

Alle bisherigen specifischen Gewichts-Bestimmungen der Laven können, sofern sie nicht in Pulverform angestellt wurden, keinen Werth haben; denn da nur sehr wenige ganz porenfrei sind: so kann das Abwägen gröfserer Stücke unter Wasser nur ein fehlerhaftes Resultat geben.

Um das spec. Gewicht der Laven und Schlacken mit ihren Poren zu bestimmen, mufste eine Flüssigkeit gewählt werden, welche, wenn sie auch in das Innere dringt, doch durch Abwägen dieser Substanzen vor und nach dem Eintauchen in dieselbe bestimmt und von dem Gewicht der Flüssigkeit plus Lava oder Schlacke in Abzug gebracht werden kann. Das Quecksilber eignete sich sehr gut dazu.

Es hat sich herausgestellt, dafs etwas Quecksilber in die Poren eindringt, welches beim Hinausziehen der Schlacke und durch gelindes Klopfen nicht in den Cylinder herausfällt. Es kann nicht in den offenen Poren auf der Oberfläche der Schlacke haften, sondern mufs durch den Druck der auf derselben befindlichen Quecksilbersäule durch Haarspalten in tiefer gelegene Poren geprefst und darin eingeschlossen werden.

Im Allgemeinen dringt um so mehr Quecksilber ein, je grofsporiger die Schlacken sind. Da dies indefs hauptsächlich von den Haarspalten zwischen den Poren abhängt, so kann es geschehen, dafs in kleinporige Schlacken mehr Quecksilber eindringt, als in grofsporige, wenn in diesen das Eindringen durch die Spalten weniger begünstigt wird als in jenen.

Es ist klar, dafs dieses Quecksilber von dem Gewicht des Quecksilbers, welches mit der Lava bestimmt wird, in Abzug kommen mufs. Durch Abwägen der Lava vor und nach dem Eintauchen wird es bestimmt. Die Aufgabe, das spec. Gewicht eines festen Körpers mit seinen Poren zu bestimmen, würde durch Abwägen unter Wasser nicht zu lösen sein; denn wie könnte man das eingedrungene Wasser so genau bestimmen wie das eingedrungene Quecksilber.

Nachstehend beschriebene einfache Vorrichtung leistete vollkommen Dienst.

Auf ein Cylinderglas von zwei Zoll Höhe und einem Zoll Durchmesser, welches nach unten sich etwas verengte, wurde eine Glasplatte aufgeschliffen. Von der Schlackenstufe wurde so viel abgeschlagen, dafs sie auf den Boden des Cylinders hinabgeschoben, sich fest klemmte, damit sie nicht vom Quecksilber gehoben werden konnte. Nachdem der Cylinder mit Quecksilber gefüllt worden, wurde durch wiederholtes Umkehren des Cylinders geprüft, ob nicht Luftbläschen eingeschlossen waren. Hierauf wurde das Gewicht des Quecksilbers plus der Schlacke bestimmt, das der ganzen Menge Quecksilber, welches den Cylinder erfüllte, war für immer gegeben.

Aus nachstehender Formel wurde das spec. Gewicht der in der Siedhitze ausgetrockneten Schlacke mit ihren Poren bestimmt. Nach derselben Formel bestimmte man das spec. Gewicht der vorher geglühten Schlacke im fein gepulverten Zustande, mithin ohne Poren, mittelst Wasser auf die gewöhnliche Weise.

Es sei A das Gewicht des Minerals, dessen spec. Gewicht unter Wasser bestimmt werden soll;
B das Gewicht des Quecksilbers im Cylinderglas;
C das Gewicht des Minerals plus Quecksilber im Cylinderglas;

s das spec. Gewicht des Minerals,

so ist $s = \frac{A}{B+A-C}$

Es sei s das spec. Gewicht der Schlacke mit den Poren,
S das spec. Gewicht der Schlacke ohne Poren,
v das Volumen der Schlacke mit den Poren,
V das Volumen der Schlacke ohne Poren.

Da die Volumina sich umgekehrt verhalten wie die spec. Gewichte: so ist

$$s : S = V : v$$

mithin $$v = \frac{S\,V}{s}$$

Setzt man $V = 1$: so ist

I $$v = \frac{S}{s}$$

Das Volumen der Poren ist demnach

II $$v - V = \frac{S}{s} - 1$$

Nach den Gleichungen I und II wurden die Volumina der Schlacken- und Lavamassen sowie der Poren in nachstehenden Vorkommnissen berechnet. Als Beispiel der Ausführung dieser Berechnungen diene das Nachstehende.

Niedermendiger Lava, welche zu Mühlsteinen u. s. w. verarbeitet wird.

Es wurden gefunden

453,6 Gran	absolutes	Gewicht	der Lava,
4935 „	„	„	des Quecksilbers im Cylinderglas,
2561,75 „	„	„	der Lava plus des Quecksilbers im Cylinderglas,

mithin $s = \frac{453,6}{4935 + 453,6 - 2561,75} = 0,16$

Statt des spec. Gewichts des Quecksilbers das des Wassers $= 1$ gesetzt, ist

$s = 0,16 . 13,392 = 2,143$ spec. Gewicht der Lava mit Poren,
$S = 2,818$ spec. Gewicht der Lava ohne Poren.

Das Volumen der Lava mit Poren ist demnach $\frac{2,818}{2,143} = 1,315$

Subtrahirt man davon das Volumen der Lava ohne Poren . . . . $= 1$

so bleibt das Volumen der Poren . . . . $= 0,315$

Nach Procenten betragen

die Volumentheile der Lavamasse	76,05
„ „ „ Poren	23,95
	100,00

Eingedrungenes Quecksilber 72,25 Gran.

§. 40. Resultate der Porositätsbestimmungen bei den Laven und Schlacken des *Laachersee*-Gebietes.

1. Lava vom Strom des *Veitskopf* nach dem *Laachersee* hin; von den Pfeilern im Steinbruch am Wege von *Laach* nach *Wassenach.*
2. Lava vom N.O. Abhang des *Forstbergs*, wo der Strom in dem nach *Obermendig* sich ziehenden Thälchen hohe Pfeiler bildet.
3. Lava vom *Tauber* bei *Tönnisstein.*
4. Lava vom untern Theil des südl. Ausläufers am hufeisenförmigen Kraterwall des *Rotheberg.*
5. Lava vom Ende des vom *Veitskopf* geflossenen Stroms, der sog. *Mauerlei* in der Nähe der *Kunksköpfe.*
6. Lavablock als Einschlufs in den Schlackenmassen vom innern Rande des *Krufterofen* aus der mittlern Höhe des Walles.
7. Lava von der höchsten Stelle des Kraterwalls der *Kunksköpfe.*
8. Lava vom *Herchenberg;* Steinbruch über dem *Beunerhof.*
9. Lava vom Strom, der in einer steilen Wand in dem von *Glees* gegen den *Rotheberg* hinlaufenden Thälchen ansteht.
10. Lava vom *Bausenberg* am Ende des Stroms bei *Gönnersdorf.*
11. Rothe Lava aus der mittlern Höhe der innern westlichen Kraterwand des *Krufterofen.*
12. Lava vom *Hochkreuz*, Strom nach dem *Niedermendiger Thal* hin, wo der Weg von *Niedermendig* in den von *Thür* einmündet.
13. Lava ungefähr in der Mitte zwischen *Obermendig* und *Thür.*

14. Schlacke vom untern Steinbruch am *Rodderberg* bei *Mehlem* am Rhein.
15. Lava vom obern Strom bei *Niedermendig* (von den Schienen oder Stämmen).
16. Lava vom *Herchenberg.*
17. Lava von *Mayen,* zu Mühlsteinen verarbeitet.
18. Rothe Schlacke vom *Camillenberg.*
19. Schlacke aus der Mitte des innern Abhangs vom Krater des *Bausenbergs.*
20. Schlacke vom Gipfel des Kraterrands vom *Bausenberg.*
21. Schlacke aus der Mitte des Abhangs vom *Herchenberg.*
22. Schlacke aus dem Steinbruch im obersten Theile des *Laacherkopf.*
23. Schlacke oben vom *Rodderberg.*
24. Schlacke vom obern Theil des Kraterwalles am *Hochsimmer.*
25. Schlacke aus der Mitte des *Rodderbergs.*
26. Schwarze Schlacke oben vom *Rodderberg.*
27. Schlacke aus der Mitte vom *Rodderberg.*
28. Schlacke von der Mitte der innern westlichen Wand am *Krufterofen.*
29. Rothe Schlacke aus dem Steinbruch auf der Ostseite am Fufs des grofsen *Wannen.*
30. Rothe Schlacke vom *Camillenberg,* Mitte des Nordabhangs (*Kalt*'scher Bruch).
31. Schlacke vom höchsten Punkte des *Herchenbergs.*
32. Lava von dem obern Strom der *Niedermendiger* Lava, den sog. Mucken (wegen der Porosität leicht zerbrechlich und daher zu Mühlsteinen untauglich).
33. Schlacke vom *Dachsbusch,* Bruch am Wege von *Bell* nach *Oberzissen* (zwischen den Fingern zerbröckelnd).
34. Schwarze Schlacke aus dem grofsen *Wannen,* Ostseite.
35. Schlacke von der Höhe des Kraterwalls am *Hochsimmer.*
36. Schlacke vom *Krufterofen,* grofsporig.
37. Schwarze Schlacke aus der Mitte des Nordabhangs am *Camillenberg.*
38. Schwarze Schlacke vom *Schweinskopf,* aus dem nördlichen Bruch am untern Abhang.

39. Rothe Schlacke vom *Camillenberg*, verlassener Bruch auf der Südseite, fast auf dem Gipfel.

40. Schlacke vom Gipfel des *Hochsimmer*.

Nro.	Spec. Gewicht d. Gesteins mit Poren	Spec. Gewicht d. Gest. ohne Poren	Volumproc. der Gesteinsmasse	Volumproc. der Poren	Nro.	Spec. Gewicht d. Gesteins mit Poren	Spec. Gewicht d. Gest. ohne Poren	Volumproc. d. Gesteinsmasse	Volumproc. der Poren
1	2.919	2.924	99.83	0.17	21	2.250	3.097	72.67	27.33
2	2.927	2.944	99.42	0.58	22	2.036	2.920	69.73	30.27
3	2.839	2.890	98.23	1.77	23	2.116	3.130	67.61	32.39
4	2.759	2.844	96.99	3.01	24	1.861	2.827	65.83	34.17
5	2.786	2.915	95.60	4.40	25	1.995	3.067	65.00	35.00
6	2.705	2.850	94.88	5.12	26	1.902	2.948	64.52	35.48
7	2.685	2.854	94.07	5.93	27	1.848	3.132	59.00	41.00
8	2.812	2.988	94.06	5.94	28	1.728	3.026	57.11	42.89
9	2.772	2.980	93.00	7.00	29	1.607	2.963	54.23	45.77
10	2.745	2.987	91.91	8.09	30	1.567	2.922	53.62	46.38
11	2.625	2.866	91.66	8.34	31	1.674	3.126	53.56	46.44
12	2.652	2.941	90.17	9.83	32	1.487	2.780	53.47	46.53
13	2.571	2.935	87.57	12.43	33	1.527	2.891	52.83	47.17
14	2.478	2.967	83.54	16.46	34	1.366	2.930	46.62	53.38
15	2.223	2.824	78.74	21.26	35	1.245	2.816	44.20	55.79
16	2.410	3.119	77.28	22.72	36	1.232	2.865	43.01	56.99
17	2.210	2.940	75.18	24.82	37	1.259	2.958	42.57	57.43
18	2.263	3.029	74.73	25.27	38	1.178	3.161	37.27	62.73
19	2.183	2.941	74.24	25.76	39	1.079	3.016	35.71	64.29
20	2.210	3.014	73.31	26.69	40	0.974	2.887	33.74	66.26

Sämmtliche Laven und Schlacken brausten schwach mit Säure.

Die so nahe Uebereinstimmung der spec. Gewichte der Laven und der Schlacken aus verschiedenen Höhen der Vulkane berechtigt zu dem Schlusse, dafs es dasselbe Material ist, aus dem die dichtesten Laven wie die porösesten Schlacken hervorgegangen sind. Wie kann es auch anders gedacht werden? Sind es auch mehrere Canäle, in denen die geschmolzenen Massen aufsteigen: so ist es doch wahrscheinlich nur ein und dasselbe Reservoir, aus welchem sie herstammen. Die chemische Zusammensetzung bleibt, die Form ändert sich durch die Schlackenbildung.

Wir gehen noch einen Schritt weiter. Das Maximum der spec. Gewichte der von uns im porenfreien Zustande bestimmten Laven und Schlacken ist 3,161, das Minimum 2,78. Die Differenz ist so gering, dafs es wohl gestattet ist zu schliefsen, dafs das Material, aus welchem die sämmtlichen Laven und Schlacken des *Laachersee*-Gebietes hervorgegangen sind, identisch oder nahe identisch ist.

Stellen wir die Resultate unserer Untersuchungen der Laven und Schlacken, welche in verschiedenen Höhen der Vulkane und Schlackenberge im *Laachersee*-Gebiete abgeschlagen wurden, zusammen, so ergibt sich deutlich, dafs die Porosität der Schlacken in den einzelnen Kraterrändern und Schlackenbergen von unten nach oben zunimmt. Dieses Resultat tritt hervor, wenn man vergleicht für

den *Herchenberg* die Porenbestimmungen Nro. 8, Nro. 21 und Nro. 31,
den *Bausenberg* Nro. 10, Nro. 19, Nro. 20,
den *Camillenberg* Nro. 30, Nro. 37, Nro. 39,
den *Hochsimmer* Nro. 24, Nro. 35, Nro. 40.

Wir sind vollkommen berechtigt, die Porosität, welche andere unorganische Substanzen in so hohem Grade wie die vulkanischen Producte nur höchst selten erreichen, für eine wesentliche Eigenschaft der vulkanischen Gesteine zu halten. Wir können sie von der dichtesten Lava bis zur porösesten Schlacke verfolgen. Nur der Obsidian macht eine Ausnahme.

Vorstehende Untersuchungen zeigen, dafs das Volumen der geschmolzenen Lava bedeutend zunimmt, wenn dieselbe in Schlacke umgewandelt wird. Diese Zunahme steigt vom 1,36fachen (Schlacke vom *Bausenberg*) bis zum 2,68fachen (schwarze Schlacke vom *Schweinskopf*).

§. 41. Aufbau der Schlackenberge und Kratere.

Der *Vesuv*, unser bester Lehrmeister, dem wir vorzugsweise unsere Kenntnisse von den Processen in den Krateren verdanken, zeigt uns, dafs die aus Spalten aufsteigende Lava da, wo sie keinen Widerstand findet, seitwärts ausfliefst. Wo sie aber stagnirt und durch allmälige Erkaltung ihren dünnflüssigen Zustand verliert, da beginnt die Schlackenbildung. Gasförmige Substanzen müssen in die dünnflüssige Lava in der Tiefe dringen und sich aus ihr so lange entwickeln, als sie dünnflüssig bleibt. So wie sie aber dickflüssig wird, blasen die Gase die Lava auf. Dafs die seitwärts ausfliefsende Lava noch Gase absorbirt enthält, zeigt die auf der Oberfläche derselben fortschreitende Schlackenbildung.

Während der Ruhe des Vulkans erstarren die gebildeten Schlacken. Kommt es zu einem neuen Ausbruch: so wiederholen sich dieselben Erscheinungen. Gelangt die aufsteigende Lava unter die erkaltete Schlacke und wandelt sie sich auch in diese um: so wirkt sie gleichfalls hebend. Wir kommen später auf diesen Gegenstand zurück.

Es kann geschehen, dafs durch frühere Schlackenbildungen der Krater rings umher so geschlossen wird, dafs die Lava keinen Ausweg mehr findet und sich in Schlacke gänzlich umwandelt, mithin der Aufbau eines Schlackenberges sich ohne Lava-Ausflufs fortsetzt. Es ist sehr wahrscheinlich, dafs ein solcher Fall u. A. bei dem *Bausenberg* stattgefunden hat.

Denkt man sich nun, dafs derjenige Theil der in den Spalten eines Vulkans aufgestiegenen Lava, welcher nicht seitwärts abfliefst, diese Umwandlung erleidet: so mufs nach und nach ein Kraterrand aufgebaut werden. Die sich fortwährend umwandelnde Lava hebt die bereits umgewandelte und dies dauert so lange fort, als noch Lava aufsteigt.

Angenommen, dafs in der Tiefe einer Spalte eine Lavasäule von 1000 Fufs Höhe stagnire: so würde sie, wenn sie sich in eine Schlacke, wie die schwarze vom *Schweinskopf* umwandelte, eine Höhe von 2683 Fufs erreichen. Es würde dies eine Hebung sein, der keine Kraft Widerstand leisten könnte.

Untersuchen wir nun die Verhältnisse, unter denen die Schlackenbildung in den Schlackenbergen stattfindet, welche keine Kratere besitzen.

Wenn, wie beim *Camillenberg*, der ganze Rücken aus Schlacken besteht, von Krateren jedoch nichts zu beobachten ist: so mufs man annehmen, dafs die aus Spalten aufgestiegene Lava entweder schon in denselben oder bald nach ihrem Ueberfliefsen sich auf dem Grundgebirge in Schlacke umgewandelt habe.

Da die Schlacken mit vielen Blöcken einer festen und augitreichen Lava wechseln: so ist wahrscheinlich, dafs beim Aufsteigen dieser Massen die Bedingungen zur Umwandlung in Schlacken gefehlt haben. Weniger annehmbar ist, dafs Laven von ungleicher Zusammensetzung mit einander gewechselt haben und noch weniger, dafs es Auswürflinge von benachbarten Krateren waren, da diese fehlen.

Der *Camillenberg* erhebt sich 756 Fufs über den benachbarten Devonschichten. Bis zu einer so mäfsigen Höhe konnten wohl die in Schlacken umgewandelten Laven in Folge der damit verknüpften Volumenzunahme ohne Mitwirkung einer andern Kraft gehoben werden. Das Volumen der schwarzen Schlacke vom *Camillenberg* ist 2,35 Mal so grofs als das der rothen Schlackenmasse.

Je mehr die die Poren bildende Flüssigkeit sich ausdehnt, desto mehr bindet sie Wärme, welche der Lava entzogen wird. Je schneller diese Wärme-Entziehung, desto schneller wird die Lava dickflüssig. So wird es erklärlich, warum in der Regel die Lava in den Krateren bei weitem poröser ist als die in den Strömen. Jene hatte mehr von der Schlacken bildenden Flüssigkeit aufgenommen als diese; jene hörte daher früher zu fliefsen auf als diese, und so erstarrte jene schon in den Krateren, diese erst in den Strömen.

Wie Eis auf Wasser, so schwimmen auch Schlacken auf der flüssigen Lava. Die Differenz zwischen den specifischen Gewichten der porenfreien Lava *(S)* und der porösesten Schlacke *(s)* = 1,746 ist so grofs, dafs eine auf der Unterlage der fliefsenden Lava gebildete Schlacke eben so wie das auf dem Flufsboden gebildete Grundeis aufsteigt und auf der flüssigen Lava schwimmt.

Wären Wasserdämpfe das Hebungsmittel der Lava, wäre die Lava im Innern der Erde in einen ringsumher abgesperrten Höhlenraum eingeschlossen, in welchen jedoch Wasser fliefsen könnte, das durch die heifse Lava in Dampf verwandelt wird, der die Lava in einer bis zur Erdoberfläche reichenden Spalte höbe: so würde, wenn auch alle diese schwer zu begreifenden Verhältnisse stattfänden, nicht eine Lava, welche kaum 1% Poren enthält, sondern eine der porösesten Schlacken zu Tage kommen.

Die Wasserdämpfe im Höhlenraum müssten im höchsten Grade comprimirt sein, um Lavasäulen von unbekannten aber gewifs sehr grofsen Höhen heben zu können. Indem sie aber in der flüssigen Lava, wie jedes Gas in einem

Liquidum aufstiegen, würden sie sich fortwährend dilatiren, die Lava aufblasen und Schlacken bilden, welche man kaum mit Seifenblasen vergleichen könnte.

Die Hufeisenform ist die gewöhnliche der erloschenen Vulkane im *Laachersee*-Gebiete. Es seien in Fig. 15 *a a a* Canäle, in denen die aufsteigende Lava in Schlacke umgewandelt wird. In dem Canal *b* erfolgt dagegen diese Umwandlung theils gar nicht, theils nur in geringem Grade. Sind es Wasserdämpfe, welche die Umwandlung bewirken: so müssen die Gewässer in der Richtung der Pfeile von aufsen nach innen dringen. Sie gelangen aber nicht oder doch nur sehr sparsam bis zu dem Canal *b*. Diese Verhältnisse finden statt, wenn ein Fluss *c c c* um den geschlossenen Theil des Kraters fliefst, wie dies namentlich beim *Hochsimmer* der Fall ist, wo die *Nette* fast die Hälfte des Umkreises umfliefst.

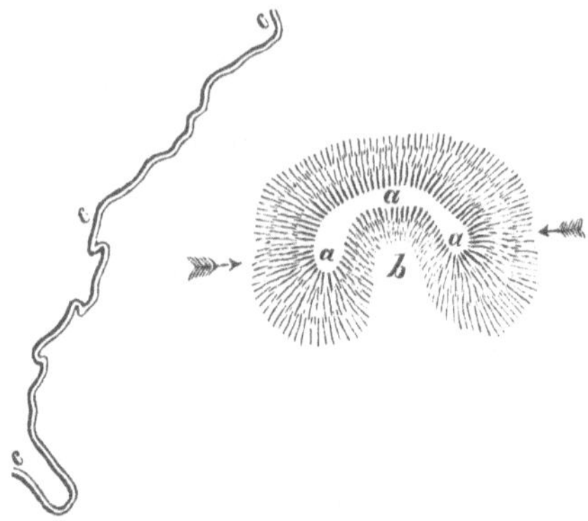

Fig. 15.

Ist die in den Canälen *a a a* aufsteigende dünnflüssige Lava in die Region der Grundwasser gekommen: so beginnt die Schlackenbildung und dauert fort bis der seitliche Zuflufs der Gewässer aufhört. Je mehr Wasser zufliefst, desto dickflüssiger und mithin desto poröser wird die Lava. Gelangt sie endlich an die Mündung des Canals: so kann sie nicht mehr überfliefsen, sondern stürzt über die Mündung und hängt sich als Schlacke an derselben an. Je poröser die Lava im Canal wird, desto specifisch leichter wird sie und desto schneller steigt sie in demselben auf, wenn die hebende Kraft in gleicher Wirksamkeit bleibt. Dazu kommt, dafs das Volumen der flüssigen Lava durch Umwandlung in Schlacke um ein Vielfaches zunimmt. Bei der Umwandlung der Lava, welche im *Hochsimmer* aufgestiegen ist, in die Schlacke auf dem Kraterrande, hatte das Volumen um das Dreifache zugenommen.

Man würde auf einem Irrwege sein, wenn man sich vorstellen wollte, dafs der Aufbau eines Kraters wie der eines Thurmes erfolge. Unstatthaft würde es sein, wenn man annehmen wollte, dafs beim Beginnen des Aufbaues in den erstarrenden Schlacken ein Canal sich bilde, durch welchen die folgenden Schlacken aufstiegen und dafs sich diese Canalbildung fortsetze bis der Krater seine gröfste Höhe erreicht hätte.

Es kann nur gedacht werden, dafs der Aufbau eines Kraters durch Hebung erfolgt, dafs nämlich der zuerst gebildete Krater durch später aufsteigende porös werdende Lava gehoben wird. Jede neue Eruption bringt dieselbe Wirkung hervor, bis endlich der Krater eine solche Höhe erreicht hat, dafs die hebende Kraft nicht mehr im Stande ist, ihn weiter zu heben.

Der wenn auch nur geringe Porengehalt der Laven zeigt, dafs der Zutritt der Wasser in dem Canal *b* nicht gänzlich ausgeschlossen ist. Die nie fehlenden Schlacken auf den Lavaströmen erweisen ebenfalls, dafs Wasser oder Gase nie gänzlich fehlen. Sie treten aber im Verhältnifs zur ausfliefsenden Lava sehr zurück und werden auf dieser schwimmend fortgeführt, ohne jedoch Kraterränder zu bilden. Daher kann der Krater am Ausflusse der Laven so lange nicht geschlossen werden, als nicht dort eine zur Schlackenbildung geneigte, d. h. eine an Wasserdämpfen reiche Lava aufsteigt.

Da die Schlackenbildung in den Canälen, in welchen die Lava aufsteigt, von den Wänden ausgeht, so mufs sie hier im höchsten Grade von Statten gehen, nach dem Innern der Lavasäule aber abnehmen.

Es steigt also eine Säule auf, die Aufsen mehr oder weniger porös, im Innern wenig oder gar nicht porös ist. Da mit Zunahme der Porosität die Fliefsbarkeit abnimmt, so kann es geschehen, dafs beim Ueberfliefsen der aufgestiegenen Masse an der Mündung des Canals nur der innere Theil der Säule fortfliefst, der äufsere dagegen zurückbleibt und zum Aufbau des Kraters das Material liefert.

Dafs indefs ein Theil dieser Kruste, auf der Lava schwimmend, mit derselben fortgeführt wird, zeigt der schlackige Ueberzug auf den Lavaströmen.

Ein solcher Aufbau eines Kraters auf die beschriebene Weise ist denkbar. Die Annahme, dafs stets mehrere Canäle, von denen einer ausfliefsende Lava, die andern stagnirende Schlacke liefern, ist daher keine nothwendige.

Mag es übrigens nur ein Canal, oder mögen es mehrere sein, stets werden die Schlacken von der Lava sich sondern; denn sie sind specifisch leichter als diese und erstarren früher als diese. Daher werden die Schlacken durch die hebende Kraft höher gehoben als die Lava.

Die Höhen zweier verschiedener mit einander communicirender Flüssigkeiten, welche im Gleichgewicht stehen, verhalten sich umgekehrt wie die spec. Gewichte dieser Flüssigkeiten.

Es sei Σ das spec. Gewicht einer nicht porösen Lavasäule,
h die Höhe dieser Säule,
σ das spec. Gewicht einer porösen Lavasäule,
H die Höhe dieser Säule,
so ist $h : H = \sigma : \Sigma$,
mithin $h\Sigma = H\sigma$ (Gleichung I).

Es sei in Fig. 16 *aa* ein Kraterrand,
b der Ausflufs der Lava,
cc obere Grenze der Grundwasser,
dd untere „ „ „

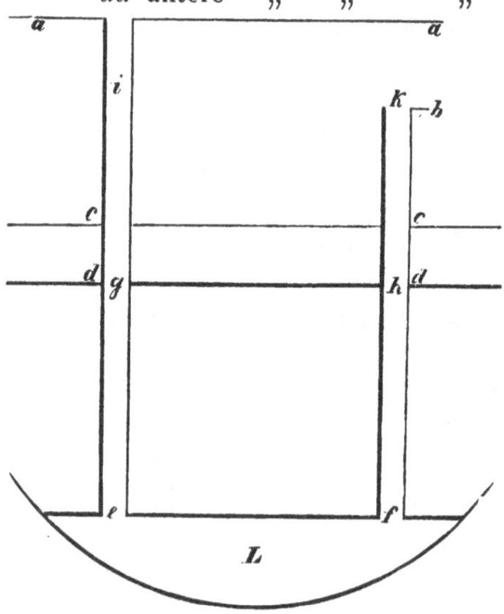

Fig. 16.

Ist die Lava nicht porös: so können unter b keine Grundwasser vorhanden sein oder die Lavacanäle sind so dicht, dafs kein Wasser eintreten kann. Es sei L ein mit flüssiger Lava erfüllter Behälter, aus welchem durch die Canäle $e\,i$ und $f\,k$ Lava aufsteigt.

Die Lavasäulen $e\,g$ und $f\,h$ haben gleiche Höhe und gleiches spec. Gewicht, mithin halten sie einander das Gleichgewicht. Da aber nach der Voraussetzung zwischen $c\,d$ in die Säule $e\,i$ Wasser tritt und die Lava porös macht, so nimmt ihr spec. Gewicht ab, mithin ihre Höhe zu. Dagegen bleibt unter den oben angeführten Bedingungen im Canal $f\,k$ das spec. Gewicht der Lavasäule unverändert.

t sei die Tiefe des Lava-Ausflusses unter dem Kraterrand,

so ist $H = h + t$

Wird dieser Werth in obiger Gleichung I substituirt, so erhält man

$$h\,\Sigma = h\sigma + t\sigma$$

mithin $h\,\Sigma - h\sigma = t\sigma$

$$(\Sigma - \sigma)h = t\sigma$$

und $h = \dfrac{t\sigma}{\Sigma - \sigma}$ (Gleichung II)

Der Werth von h wird daher aus bekannten Gröfsen bestimmt.

Es ist aber zu bemerken, dafs Σ (das spec. Gewicht der nicht porösen Lava) eine constante Gröfse ist, nicht aber σ (das spec. Gewicht der porösen Lavasäule), denn unsere Untersuchungen haben dargethan, dafs das spec. Gewicht der Schlacken, welche die Kratere zusammensetzen, von unten nach oben abnimmt. Es würde eine kaum ausführbare Arbeit werden, wenn man das mittlere spec. Gewicht aus den ungleichen spec. Gewichten und aus der ungleichen Mächtigkeit der Schlackenlagen ermitteln wollte.

Es sind nur die numerischen Verhältnisse des *Bausenberg*, welche eine Anwendung vorstehender Formel zulassen.

Nach v. Dechen liegt der tiefste Punkt des Kraters dieses Berges auf der nordwestlichen Seite 214 Fufs unter dem höchsten Punkte.

Das spec. Gewicht der Schlacken des Kraterrandes mit den Poren ist 2,21

Das der Schlacken in der Mitte 2,183

Mittel zwischen beiden Werthen 2,196

Das spec. Gewicht der Lava 2,745

In obiger Formel hat man daher die Werthe zu setzen

$t = 214$ Fufs

$\sigma = 2{,}196$

$\Sigma = 2{,}745$

folglich ist

$$h = \frac{214.2{,}196}{2{,}745 - 2{,}196} = 856 \text{ Fufs}$$

$$H = 856 + 214 = 1070 \text{ Fufs}$$

Selbstredend ist, dafs unsere Formel auf den vorliegenden Fall Anwendung findet, obgleich die Lava des *Bausenberg* nicht porenfrei ist, sondern 8,09% Poren enthält. Es handelt sich hier um zwei Lavasäulen, welche sich das Gleichgewicht halten, mag die eine porenfrei, die andere porenhaltig sein oder mag, wie im vorliegenden Falle, nur ein relativer Unterschied im Porengehalt stattfinden. Hieraus ist zu schliefsen, dafs die im Canal *e g* aufgestiegene Lava, woraus der Krater aufgebaut wurde, mit mehr Grundwasser in Berührung gekommen war, als die im Canal *f h* aufgestiegene Lava, welche ausflofs.

Die nahe Uebereinstimmung zwischen den spec. Gewichten der Schlacke vom Kraterrand und von der Mitte der Höhe des Kraterrandes zeigt, dafs solche bedeutende Differenzen wie beim *Hochsimmer* und beim *Camillenberg*, beim *Bausenberg* nicht stattfinden. Defshalb konnte auch das Mittel zwischen beiden Werthen genommen werden. Ein genaueres Resultat würde man freilich erhalten haben, wenn das spec. Gewicht der Schlacke des Kraters an seinem Fufse und das der Lava am Anfange des Stromes bestimmt worden wäre. Indefs man vergesse nicht, dafs solche Rechnungen überhaupt nur approximative Werthe geben können.

Profil im verjüngten Maafsstab der Canäle.

Krater des Bausenberg.

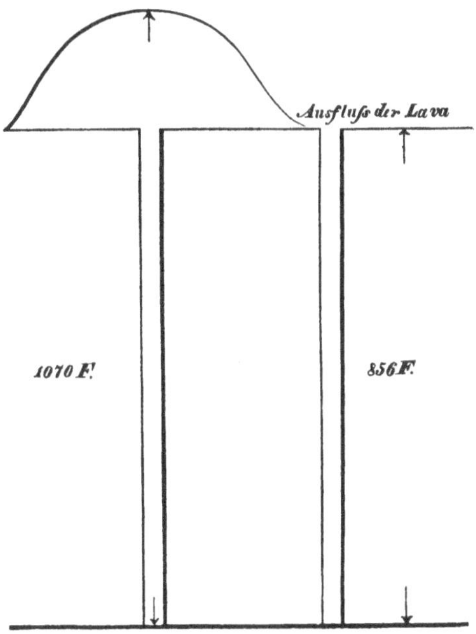

Fig. 17.

Die Mächtigkeit zerklüfteter Gebirgsformationen steigt bis auf Tausende von Fufsen. Ebenso tief als die Zerklüftung hinabreicht, dringen die Gewässer. Die heifsen Quellen bezeugen das tiefe Hinabdringen der Grundwasser; denn je heifser sie sind, aus desto gröfseren Tiefen kommen sie. Man braucht also nicht in Verlegenheit zu kommen, wenn weitere Calculationen auf viel gröfsere Tiefen der unteren Grenze der Grundwasser führen sollten.

Dieselbe Kraft, welche die Lava bis zu ihrem Ausflufs im Krater hob, vermochte die Schlacken 214 Fufs höher zu heben und dadurch den Krater zu bilden.

Die mit zunehmender Höhe der Kraterränder und der Schlackenberge zunehmende Porosität der Schlacken fordert auf, eine Erklärung dieser Erscheinung aufzusuchen.

Der erste Act einer beginnenden vulkanischen Thätigkeit ist die Bildung von Spalten, die von der Erdoberfläche bis dahin reichen, wo geschmolzene Massen existiren. Welche Kraft es auch sein mag, die diese Massen zu den Spalten emporhebt, ist für diese Betrachtungen gleichgültig. Zweifelhaft ist wohl nicht, dafs diese Spalten die sämmtlichen sedimentären Formationen durchsetzen, denn in denselben ist der Sitz der geschmolzenen Massen nicht zu suchen. Jedenfalls durchsetzen diese Spalten mehr oder weniger Schichtungsflächen, aus welchen so tief hinab als die Grundwasser reichen, Gewässer, wenn auch nur tropfenweise in die Spalten dringen und die aufsteigende Lava in Schlacke umwandeln.

Die in verschiedenen Höhen der Bergabhänge ausfliefsenden Sickerwasser, welche man wahrnimmt, wenn die Abhänge von Vegetation entblöfst sind, zeigen die Bewegung der Gewässer zwischen den Schichtungsflächen.

Die Schichten des Thonschiefergebirges sind sehr selten horizontal, meist mehr oder weniger aufgerichtet. Stehen die Spalten, die Canäle, in denen die Lava aufstieg, senkrecht oder nahe senkrecht: so flossen die Sickerwasser an der Seite in die Spalten, wo dieselben spitze Winkel mit den Schichten bilden. Approximativ könnte man daher noch jetzt die Richtung ermitteln, welche die zur Zeit der Eruptionen im *Laachersee*-Gebiete in die Canäle geflossenen Gewässer genommen haben.

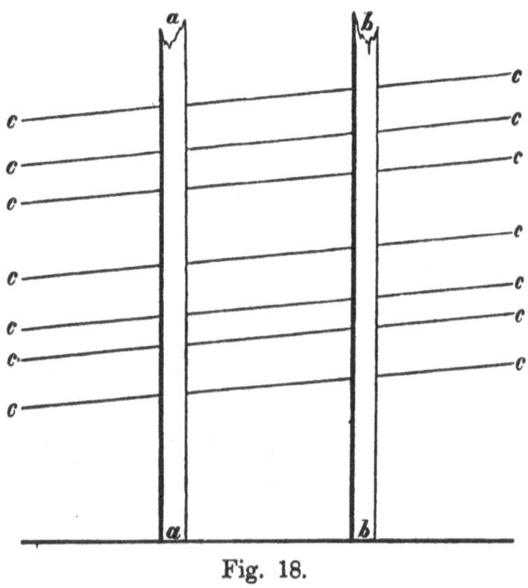

Fig. 18.

Befinden sich (Fig. 18) Canäle *a a* und *b b* nahe neben einander: so fliefsen auf den Schichtungsflächen *c c* mehr Sickerwasser in *b b* als in *a a*. In jenem Canal wird daher die Schlackenbildung in höherem Grade stattfinden als in diesem, oder gänzlich aufhören, wenn der Wasserzuflufs aufhört.

Die erste aufsteigende Lava in der entstandenen Spalte befindet sich in den günstigsten Verhältnissen zur Schlackenbildung. Die Wände der Spalte sind noch kalt; die zwischen den Schichtungsflächen fliefsenden Sickerwasser kommen in unmittelbare Berührung mit der aufsteigenden geschmolzenen Masse, sie verwandeln sich in Dampf und blasen die Lava auf. Durch lange fortdauerndes Aufsteigen der glühenden Lava erhitzen sich die Spaltenwände und machen es möglich, dafs die flüssige Masse zwischen die engen Schichtungsflächen mehr oder weniger eindringt. Kommt die aufsteigende Lava in ein höheres Niveau als das je einer Schichtungsfläche: so wird zwischen diese durch den Druck der überstehenden Lavasäule flüssige Masse geprefst, welche nach dem Erstarren die Wasserzuführungscanäle verstopft; denn jener Druck überwindet den geringen Druck der auf geneigten Schichten fliefsenden Gewässer. Wenn so nach und nach immer mehr dieser Canäle verstopft werden: so nimmt die Schlackenbildung fortwährend ab und hört endlich ganz auf, wenn alle Canäle verstopft worden sind.

So erklärt sich, wie beim Aufbau eines Kraters die obersten Schlackenlagen die porenreichsten, die untersten die porenärmsten sein müssen; denn jene werden zuerst, diese zuletzt gehoben.

Tritt jener Fall, die gänzliche Verstopfung der Wasserzuführungscanäle ein, dauert die Eruption aber fort: so steigt eine porenarme oder gar eine porenfreie Lava auf. Der Aufbau des Kraters hört dann ganz auf; denn die dünnflüssig gewordene Lava fliefst dann seitwärts unter dem Krater ab.

Kapitel XVI.

Tuff und vulkanische Asche.

Mit dem Namen Tuff sind hier alle diejenigen Massen bezeichnet, welche in regelmässigen Schichten gelagert gefunden werden und zum Theil ganz bestimmt aus eigentlichen Krateren und aus den Maaren (?) ausgeworfen worden sind und dann alle diejenigen geschichteten aus denselben Materialien bestehenden Massen, welche ihrer Zusammensetzung nach mit den vorhergehenden übereinstimmen, wenn auch ihre Herkunft, die Stelle ihres Ausbruches, nicht nachgewiesen werden kann.

Durch die vor einigen Jahren zwischen *Wassenach* und dem *Laachersee* neu angelegte Strafse sind ausgezeichnete Profile in vulkanischen Tuffschichten entblöfst worden. Der höchste Punkt dieser Strafse liegt 194 Fufs über dem Seespiegel. Von diesem Punkte ziehen sich die Tuffschichten einerseits über *Wassenach* hinaus und andererseits bis zum Seespiegel herab. Von *Wassenach* an liegen die durch einen Hohlweg entblöfsten Schichten weit fort horizontal, dann aber steigen sie an, und auf dem höchsten Punkt fallen sie plötzlich und bilden so einen Sattel.

Von hier an finden sich die erwähnten Profile an verschiedenen Stellen auf der rechten Seite der nach *Laach* führenden neuen Strafse.

Fig. 19 (S. 171) zeigt ein im gleichen Maafsstab für die Länge und Höhe im Verhältnifs von 1 : 100 reducirtes Profil: ein Dreieck *a*, den Durchschnitt eines liegenden Prismas oder einer Pyramide, welcher aus horizontalen Lagen grober Auswürflinge besteht und umhüllt ist von zweiundzwanzig deutlich zu unterscheidenden Schichten, deren Scheitelwinkel so scharf sind, wie die Zeichnung darstellt. Es ist eine Sattelbildung. Die dunkleren körnigen Partieen in der Zeichnung, sowie die mehr oder we-

Fig. 19.

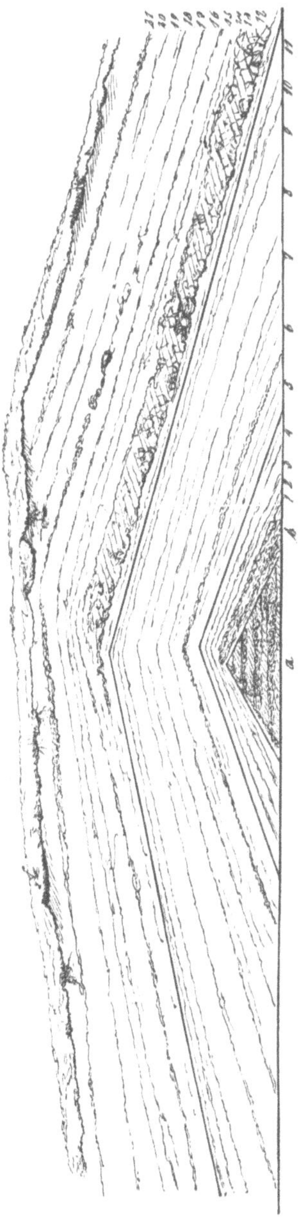

niger sich fortsetzenden, sich verdickenden oder verdünnenden Linien bedeuten die groben Lagen; die weifsen Stellen die feinen oft staubartigen. Die Durchmesser der Lapilli und der Bomben steigen von 1 und 2 Linien bis zu 11 Zollen.

In der Nähe finden sich auch interessante complicirtere Profile, u. a. Muldenbildungen mit mehr oder weniger synklinen Schichten zwischen horizontalen ziemlich weit sich erstreckenden Lagen grober Auswürflinge.

Diese Profile zeigen, dafs Schichten, deren Neigungswinkel bis zu 40° steigt, entstehen können, ohne dafs man Hebungen anzunehmen hat. Ist der Neigungswinkel des Bergabhangs an einzelnen Stellen gröfser als 40°: so rutscht die niederfallende Asche, bis die Neigung sich soweit vermindert hat, dafs kein Abrutschen mehr stattfinden kann.

Die Absätze der feinern vulkanischen Projectile folgen in ihrer Lagerung den Undulationen der Erdoberfläche. Horizontale Schichten entstehen auf ebenen, aufgerichtete auf geneigtem Boden, sattelförmig gebogene zwischen Hervorragungen, muldenförmig gebogene in Vertiefungen. Diese Formen finden sich in den Umgebungen des *Laachersees.*

Nach Elie de Beaumont und Le Blanc gibt trockener Sand in der Luft aufgeschüttet eine Böschung von 35°; unter Wasser beträgt nach Martins diese Neigung nur 30°, weil die Sandkörner im Wasser schlüpfrig werden.

Das Profil Fig. 19 zeigt auf eine überraschende Weise, dafs die grofsen Auswürflinge der erste, die kleinen der zweite und letzte Act der vulkanischen Thätigkeit waren. Das Dreieck *a*, der Durchschnitt eines liegenden Prisma oder einer Pyramide, besteht aus horizontal gelagerten Bomben, deren Zwischenräume mit Tuff erfüllt sind. Die Schicht *b* hat dieselbe Zusammensetzung; die Bomben befinden sich aber blofs auf der rechten Seite des Prisma und bilden eine unter einem Winkel von 30° geneigte Schicht, deren Mächtigkeit von oben nach unten zunimmt. Nun folgen 11 deutlich unterscheidbare Tuffschichten, welche das Product der aus der Atmosphäre niedergefallenen vulkanischen Asche sind. Die Mächtigkeit dieser Schichten nimmt gleichfalls von oben nach unten etwas zu, welches eine natürliche Folge des Umstandes ist, dafs kleinere Theilchen auf einer schiefen Ebene von gewisser Neigung herabrutschen, gröfsere aber liegen bleiben. Dazu kommt noch, dafs die Meteorwasser feine Theilchen der lockeren Masse herabschlämmen und sie auf den unteren Theil der schiefen Ebene wieder absetzen, wie dies die fortwährend abnehmenden Neigungswinkel zeigen.

Nach dem Absatze der elf Tuffschichten erfolgte eine neue Eruption von Bomben (12), und diese Eruption wiederholte sich noch zweimal (17 und 21); die schmalen Streifen zeigen aber, dafs sie nur von geringer Bedeutung waren; da diese Projectile wie die in *b* nur auf der rechten Seite von Fig. 19 erscheinen: so sieht man, dafs sie während der wiederholten Eruptionsperioden stets nahe denselben Weg durch die Luft eingeschlagen haben. Sie müssen daher aus einem und demselben Krater und mit nahe gleicher Wurfkraft ausgeschleudert worden sein und eine gleiche Richtung genommen haben. Dies ist gewifs ein sehr merkwürdiges Verhältnifs, wenn man bedenkt, dafs zwischen je zweien Eruptionsperioden wahrscheinlich lange Zeiträume verflossen sein werden, welches schon daraus hervorgeht, dafs Zeit erforderlich war zum Absatze so vieler Tuffschichten, welche von den Schichten und Streifen grober Auswürflinge eingeschlossen werden.

Die zum Theil sehr scharfen Grenzen zwischen den Tuffschichten zeigen, dafs Unterbrechungen eingetreten sind, während welcher die Aschenabsätze einen gewissen Grad von Erhärtung erlangt haben mufsten. Jede Schicht erscheint als eine abgeschlossene Bildung. In der That, hätte der Aschenregen ununterbrochen angehalten: so würden nicht die ersten 11 Schichten, sondern nur eine einzige entstanden sein. Diejenigen Schichten, auf welche die Bomben gefallen waren, mufsten einen solchen Grad von Härte erreicht haben, dafs sie den darauf fallenden Bomben Widerstand leisten konnten; denn Eindrücke in die Tuffmasse sind nirgends ersichtlich.

Die die Muldenbildungen darbietenden Profile weisen horizontale Schichten auf, welche ursprünglich unzweifelhaft zusammenhängend waren, aber durch starke Regengüsse erodirt wurden. Es entstand eine muldenförmige Vertiefung, ein kleines Thälchen, in welchem neue Absätze vulkanischer Asche und grober Auswürflinge die Form der Mulde annahmen. Da indefs die Abhänge der Mulde zu steil waren, als dafs sich mit ihnen parallele Schichten hätten bilden können: so keilten sich die liegendsten Schichten an beiden Enden aus.

Die beschriebenen Lokalitäten sind nicht die einzigen, in denen sich solche auffallende Schichtungsverhältnisse zeigen. In v. Dechen's reichhaltigem Werke über den *Laachersee* finden wir viele andere Stellen, an denen die Schichten gleichfalls sehr stark, ja sogar noch stärker geneigt sind.

Aehnlichen Verhältnissen, wie am *Laachersee,* begegnen wir an den Tuffschichten der *Eifel.* Hierüber berichtet v. Dechen in seinem „Geognostischen Führer in der vulkanischen und *Vorder-Eifel*“: Die Tuffschichten sind in der Regel flach geneigt und fallen mit weniger als 10° ein, aber auch vorkommende stärkere Neigungen, die zwar nur selten bis gegen 30° und selbst 40° reichen, erscheinen als das Resultat unmittelbarer Aufschüttung und nicht als das einer nachträglich erfolgten Hebung und Aufrichtung der Schichten in Masse. Dies scheint besonders in denjenigen Fällen deutlich hervorzutreten, wo unter stärker geneigten Tuffschichten der Devonschiefer nur eine geringe und davon abweichende Neigung besitzt.

De la Beche, Egerton, Studer, Lyell u. A. fanden bei den Geröll- und Sandschichten an den Mündungen der Flüsse in Seen und in das Meer Neigungswinkel, welche bis auf 40° und 43° steigen, mithin mit denen der vulkanischen Auswürflinge übereinstimmen.

Von sechs in der nächsten Umgebung des *Laachersees* vorkommenden Tuffen wurde das spec. Gewicht und der Wassergehalt ermittelt.

Specifische Gewichte in Pulverform bestimmt	Das Hydratwasser nach dem Austrocknen in der Siedhitze des Wassers, in der Glühhitze bestimmt
2,644	1.96%
2,610	2,00%
2,665	2,50%
2,403	5,00%
2,584	1,20%
2.507	1,20%

Die Tuffe haben mit den Bimssteinen gemein, daſs sie Hydratwasser enthalten, welches erst in der Glühhitze entweicht. Die spec. Gewichte der Tuffe sind sehr viel gröſser als die der im Wasser schwimmenden Bimssteine. Jene nähern sich denen der Lava. Wenn daher beide Auswürflinge aus einem Krater gleichzeitig geschleudert werden: so steigen die Bimssteine höher auf und fliegen weiter fort, als die Tuffe. Diesem entspricht auch, daſs sich jene in gröſseren Entfernungen von den Krateren des *Laachersee*-Gebiets abgelagert finden als diese.

Wo Bimssteine mit Tuffen gemengt vorkommen, da lassen sich beide auf mechanischem Wege von einander scheiden. Jene schwimmen auf dem Wasser, diese sinken nieder.

Genaue Scheidungen sind indeſs nicht möglich. Enthält ein Brocken Tuff wenig Bimssteinpartikelchen: so sinken diese mit dem specifisch schwereren Tuff im Wasser nieder. Man mufs daher den Brocken pulvern, um den Bimsstein zu isoliren und zum Schwimmen zu bringen. Je länger aber dieses Pulvern fortgesetzt wird, desto mehr Bimssteinpartikelchen werden zerkleinert. Sie verlieren ihre Poren, werden specifisch schwerer und sinken mit den Tufftheilchen nieder. Die Menge der Bimssteine in den Tuffen wird daher auf diese Weise stets zu niedrig bestimmt.

Um approximativ die relativen Quantitäten dieser Gemengtheile kennen zu lernen, wurden folgende Versuche mit Tuffen angestellt.

Tuffe aus den durch Strafsenbau auf der Höhe zwischen Kloster *Laach* und *Wassenach* entblöfsten Wänden, deren Profile in Fig. 19 gezeichnet sind.

In diesen geneigten Schichten finden sich 0,5 bis 2 Zoll grofse Gemengtheile, in welchen 1,5″ bis bohnengrofse Stücke Bimsstein enthalten sind, welche betragen 6,44%

Werden diese Gemengtheile zerkleinert und auf Wasser geschüttet: so schwimmen auf dem Wasser bohnen- bis hirsekorngrofse Körner Bimsstein 0,40%

6,84%

In den mehr feinkörnigen Schichten und zwischen den gröfseren Auswürflingen in den gröberen Tuffschichten findet sich feines Pulver bis zur Gröfse von 0,5″, in welchem Bimssteine enthalten sind, welche betragen 13,11%

Nach dem Zerkleinern der gröfseren Stücke erhielt man noch Bimssteine 0,13%

13,24%

Tuffsteine von den *Dellen*, nahe am Wege von *Laach* nach *Niedermendig*, vom *Laacherhof* und aus den sogenannten grauen Tuffen enthielten keine Spur von Bimssteinen.

Bergassessor F. Hammer untersuchte die Grundmasse des Leucittuffs von *Bell*, den sog. *Beller* Backofenstein *(a)* sowie die kleinen Leucite, welche darin vorkommen *(b)*. *c* ist die Zusammensetzung des Analcims nach den Analysen von Rose, Connel und Awdejew.

	a	b	c
Kieselsäure . .	58,727	55,128	55,2
Thonerde . .	18,342	22,692	22,9
Eisenoxyd . .	—	Spur	—
Eisenoxydul . .	3,817	—	—
Manganoxydul .	Spur	—	—
Kalk	1,207	—	—
Magnesia . .	1,251	—	—
Kali	4,775	2,175	—
Natron . . .	4,365	12,512	13,9
Wasser . . .	6,200	7,207	8,0
	98,684	99,714	100,0

Aus dieser Analyse geht nach den Bemerkungen von Hammer hervor, dafs die kleinen sog. Leucitkrystalle der Grundmasse des *Beller* Backofengesteins eigentlich keine Leucite sondern Analcime sind, welche vielleicht durch Aufnahme von Wasser und durch Austausch der Alkalien aus Leuciten sich gebildet haben.

Tuffe von den *Dellen*, südlich vom *Laachersee:* 1. von einer untern Schicht, 2. von einer obern Schicht, 3. von einer andern Stelle, nahe am Wege von *Laach* nach *Niedermendig*, wurden in drei Kelchtuten in demselben Feuer im Windofen eine Stunde lang einer solchen Hitze ausgesetzt, in welcher bei den früheren Schmelzversuchen die Laven und Schlacken zum dünnen Flufs kamen. Das Resultat war, dafs sich diese Tuffe fast ebenso verhielten wie die geschmolzenen Bimssteine (vgl. das folg. Kap.). Beim Umdrehen des Tiegels flofs nichts heraus, kaum, dafs die geschmolzene Masse sich nach einer Seite hin neigte, gleichwohl war vollkommene Schmelzung eingetreten. Beim Zerschlagen des Tiegels zeigten sich aber viele kleine Poren. Die Masse war schwarz, auf der Oberfläche ins Bräunliche schillernd.

Kapitel XVII.

Bimsstein.

§. 51. Vorkommen der Bimssteine.

Im *Laachersee*-Gebiete finden sich ungemein weit verbreitete Schichten von oft ganz dünnen Lagen, die aus Bimssteinstücken zusammengesetzt sind und wenig andere Producte als eine Menge devonischer Schiefer enthalten. Dieselben lagern regelmäfsig über dem Löss und unter den grauen Tuffen, welche letztere gewöhnlich in aufserordentlich dünnen Schichten abgelagert sind.

Ein grofser Auswurf von Bimsstein war der vorletzte Act der dortigen vulkanischen Thätigkeit. Wo er stattgefunden hat, ist ungewifs.

Die Ansicht v. Oeynhausens [1]), dafs die Bimsstein-Ueberschüttungen in den Umgebungen des *Laachersee* nur aus dem *Krufter Ofen* hervorgegangen sein können, scheint v. Dechen nicht zu theilen. Da wir den *Krufter Ofen* nicht für einen Krater halten können: so müssen wir mit v. Dechen den Ort des Ausbruchs für ungewifs halten. Welcher Krater es auch sein mag, aus dem der Bimsstein ausgeworfen wurde, so viel ist gewifs, dafs er eine weite Reise durch die Atmosphäre gemacht hatte. Stammen die auf bedeutenden Höhen bis in das *Nassauische* und noch weiter hin vorkommenden Bimssteine von Eruptionen in der Nähe des *Laachersee* ab: so bleibt für diese kein anderer Weg als durch die Luft übrig.

Wo der Bimsstein translocirt und mit Löss gemengt wurde, entstand aus den abgerundeten Bimssteinen ein Conglomerat, wie das bei *Engers* unfern *Neuwied*. Dieses

---

[1]) C. v. Oeynhausen Erläuterungen zu der geognost.-orograph. Karte der Umgebung des *Laachersees* S. 52 ff.

ist auf Flufsgeschieben gelagert; an einer Stelle wurden letztere jedoch 30 Fufs unter der Oberfläche noch nicht erreicht.

Rheinabwärts finden sich Bimssteinablagerungen noch unterhalb *Cöln* und selbst bei *Xanten*. Sie liegen häufig in verlassenen Flufsbetten, z. B. bei *Bonn* in der Nähe der Baumschule und stets 10 bis 20 Fufs über dem jetzigen Niveau des *Rheins*.

Kein Gestein kann selbst in grofsen Stücken im Wasser schwimmend leichter fortgeführt werden, als der Bimsstein, da sein spec. Gewicht dem des Wassers sehr nahe kommt. Das Vorkommen der Bimssteinlager in verlassenen Flufsbetten läfst schliefsen, dafs diese Bimssteine sich aus dem Wasser, welches nach hohen Fluthen auf den Ufern zum Stagniren gekommen war, abgesetzt haben. Ob und unter welchen Umständen in kürzerer oder längerer Zeit die auf dem Wasser schwimmenden Bimssteine niedersinken, davon wird weiter unten die Rede sein.

§. 52. Chemische Unterschiede zwischen Laven und Bimssteinen.

Die Bimssteine des *Laachersee*-Gebietes und die davon herstammenden sind von Fr. R. Schäffer und von Kalle chemisch untersucht worden [1]. Die Sauerstoffquotienten betragen im Bimsstein von

dem *Krufter Ofen* (Kalle) 0,489
Engers bei *Neuwied* (Schäffer) 0,454
Neuwied (derselbe) 0,450
dem *Krufter Ofen* (derselbe) 0,437
Gisselberg bei *Marburg* (derselbe) 0,306

Vergleicht man damit die Sauerstoffquotienten der Laven des *Laachersee*-Gebiets, z. B. derjenigen von

Niedermendig (O. Hesse) 0,645
Niedermendig (Bergemann) 0,684
zwischen *Nickenicher Sattel* und *Nastberg* (G. Bischof) . 0,752

so ergeben sich sehr beträchtliche Unterschiede; auch die Vergleichung der Quantitäten der einzelnen Bestandtheile weist bedeutende Differenzen nach; namentlich, abgesehen von dem Wassergehalt, beim Eisenoxyd, bei der Kalkerde und bei den Alkalien.

---

[1]) Vgl. Roth a. a. O.

Die Frage, ob Laven das Material zur Bildung von Bimssteinen liefern können, ist daher mit einem absoluten Nein zu beantworten. Die dunkle Farbe der Laven und die meist weifse der Bimssteine sind schon im Widerspruche mit der Annahme, dafs diese aus jenen hervorgegangen sein können; denn je mehr ein Gestein Eisenoxydul enthält, desto dunkler ist es gefärbt. Wären daher die Bimssteine aus Laven entstanden: so hätte der gröfste Theil des Eisenoxydul ausgeschieden werden müssen. Kein Procefs ist aber denkbar, wodurch eine solche Ausscheidung auf plutonischem Wege hätte erfolgen können.

Ueber die mikroskopische Structur der Bimssteine theilt Zirkel Folgendes mit. Die Bimssteine sind ein ächter Glasschaum und besitzen, was ihre eigentliche Glasmasse anbelangt, abgesehen von der weitaus gröfsern Porosität derselben im Allgemeinen ganz dieselbe mikroskopische Structur wie die Obsidiane. Bald sind die Bimssteine reines homogenes Glas, bald durch mikroskopische Krystallbildungen und zwar vorzugsweise durch Ausscheidung farbloser Nädelchen (Belonite) mehr oder weniger stark entglast, daneben immer auch mit mikroskopischen Blasen sehr reichlich versehen. Diese Blasen, welche zur Kleinheit von wenigen Tausendstel Mm. hinabsinken, sind ganz tief dunkel umrandet, gewöhnlich rundlich oder eiförmig, oft auch spitz in die Länge gezogen oder an den Enden wie ein Paragraphzeichen ausgeschweift und diejenigen, welche eine Längsaxe besitzen, liegen damit meist parallel. Dafs auch mitunter gröfsere Krystalle in den Bimssteinen eingewachsen sind, ist bekannt. Da sie stets in ihrem Innern isolirte mikroskopische Einschlüsse genau desselben Glases enthalten, in welchem sie eingebettet liegen, können sie nur als ächte Ausscheidungen aus dem ehemaligen Glasfluss betrachtet und nicht etwa für gerettete Ueberreste eingeschmolzen gewordener krystallinischer Gebirgsarten gehalten werden [1]).

§. 53. Porosität der Bimssteine.

Nachstehende Bestimmungen wurden mit demselben Stück Bimsstein vorgenommen.

---

[1]) Zeitschr. d. deutsch. geol. Ges. 1867. S. 765.

	Spec. Gew.
1. Ein ganzes Stück von 33,4 Gran Gewicht	1,209
2. Pulver von 21,1 Gran Gewicht	2.0605

Mehrere Stunden lang mufste das Wasser, auf welchem das ganze Stück schwamm, gekocht werden, ehe dieses niedersank. Dafs es gleichwohl noch viele Luft eingeschlossen enthielt, zeigt sein geringes spec. Gewicht, welches das des Wassers nur wenig übersteigt. Das Pulver sank sogleich nieder.

	Spec. Gew.
3. Geschmolzener Bimsstein, ein ganzes Stück von 64,82 Gran Gewicht	1,992
4. Geschmolzener Bimsstein, gepulvert, von 45,35 Gr. Gew.	2,22

Die spec. Gewichte des Pulvers vom nicht geschmolzenen und des ganzen Stücks vom geschmolzenen Bimsstein stimmen so nahe mit einander überein, dafs man sie für identisch nehmen kann. Da aber das spec. Gewicht des geschmolzenen und gepulverten Bimssteins gröfser als das jener beiden Bimssteine ist: so ergibt sich hieraus, dafs das Pulver des nicht geschmolzenen noch Luft eingeschlossen hatte und das des geschmolzenen noch porös war. Beim Durchschlagen der geschmolzenen Masse konnte man auch noch mikroskopisch kleine Poren auf den Bruchflächen wahrnehmen.

Resultate anderer nach der früher angeführten Methode vorgenommener Bestimmungen sind:

	Spec. Gew. d. Bimssteins mit Poren	Spec. Gew. d. Bimssteins ohne Poren	Porengehalt nach Volumprocenten
a. B. aus *Italien*	0,786	2,231	64,76
b. desgl.	0,564	2,285	75,31
c. Unrein. B. v. *Laachersee*	0,726	2,269	68,00
d. Reiner B. v. *Laachersee*	0,307	2,043	84,97
e. desgl.	0,422	2.061	79,53

§. 54. Wassergehalt der Bimssteine. Entweichen desselben in der Sied- und Glühhitze.

Die sämmtlichen chemischen Analysen der Bimssteine weisen ungleiche von 1,22 bis 15,06% steigende Glühverluste nach.

Versuch I. Gepulverter Bimsstein wurde in einer Glasretorte im Sandbade erhitzt. Der Hals der Retorte war mit Quecksilber abgesperrt. Bald erschienen Wasserdämpfe, welche sich im Hals und im kalt gehaltenen Quecksilber condensirten. Das condensirte Wasser hatte einen laugenhaften kaum merklich brenzlichen Geruch. Der Glühverlust rührt demnach durchgängig von ausgetriebenem Wasser her.

Versuch II. Zur quantitativen Bestimmung des Wassers wurde Bimsstein unter der Luftpumpe getrocknet. Nach 42 Stunden zeigte sich keine Gewichtsabnahme mehr. Hierauf wurde er geglüht. Die Resultate waren

Mechanisch eingeschlossenes Wasser	0,046
Chemisch gebundenes Wasser	4,494
	4,540

Die Verwandtschaft des Wassers zum Bimsstein ist sehr grofs; denn, erst nach zweimaligem Glühen eines ganzen Stückes zeigte sich keine Gewichtsabnahme mehr. Er reiht sich in dieser Beziehung an die Hydrate der Alkalien, aus denen bekanntlich durch keinen Hitzgrad das Hydratwasser ausgetrieben werden kann.

Versuch III. Reiner Bimsstein vom *Laachersee*, der selten vorkommt.

In der Siedhitze gab er	0,15%	Wasser
In der Glühhitze	2,9%	»
Die Volumentheile der Gesteinsmasse betrugen .	15,026%	»
Reducirt man jene Wassermengen auf diese Zahl:		
so erhält man in der Siedhitze	0,99%	»
In der Glühhitze	19,24%	»

Versuch IV. Reiner Bimsstein vom *Laachersee.*

In der Siedhitze gab er	0,1%	Wasser
In der Glühhitze	2,89%	»
Die Volumentheile der Gesteinsmasse betragen .	20,47%	»
Reducirt man jene Wassermengen auf diese Zahl:		
so erhält man in der Siedhitze	0,44%	»
In der Glühhitze	14,12%	»

Versuch V. Gewöhnlicher unreiner Bimsstein vom *Laachersee.*

In der Siedhitze gab er kein Wasser.		
In der Glühhitze	1,16%	Wasser
Die Volumentheile der Gesteinsmasse betragen .	32%	»
Reducirt man jene Wassermenge auf diese Zahl:		
so erhält man in der Glühhitze	3,6%	»

Diese Menge ist daher bei weitem geringer als in den beiden ersten Versuchen, welches nur davon herrühren kann, dafs dieser Bimsstein Stoffe enthielt (Tuffe?), die Wasser nicht aufnehmen können.

Versuch VI. Eine mit gepulvertem italiänischem Bimsstein gefüllte kleine Glasretorte wurde in ein blechernes Kästchen so gelegt, dafs der Hals seitwärts herausragte. Neben dem Bauch der Retorte befand sich die Kugel eines Thermometer, dessen Scala bis 230° R. reichte. Beide waren in Sand eingegraben.

Als der Apparat bis 80° erhitzt worden war, begann die Destillation des Hydratwassers, dauerte fort mit steigender Hitze und war selbst bei 225° noch nicht vollendet. Die abdestillirten Wassermengen wurden aus den Gewichtsabnahmen des Bimssteins bestimmt. War das Thermometer bis zu einem gewissen Grade gestiegen: so regulirte man die Hitze so, dafs sie so lange constant blieb, als sich noch Wassertröpfchen im Halse der Retorte condensirten.

Die Quantitäten des Wassers, welche in den zunehmenden Temperaturen abdestillirten, betrugen

von 80° bis 90°	0,46%
„ 90° „ 225°	2,13%
in der Glühhitze	2,28%
	4,87%
Unter der Glühhitze destillirten also ab	2,59
in der Glühhitze	2,28
	4,87

Die Wiederholung dieses Versuchs gab nachstehende Quantitäten Wassers

von 80° bis 180°	0.85%
„ 180° „ 225°	1,575%
in der Glühhitze	1,95%
	4,375%
Unter der Glühhitze destillirten also ab	2,425%
in der Glühhitze	1,95%
	4,375%

Es gibt gewifs kein anderes vulkanisches Gestein, welches die Fähigkeit besitzt, in so hohen Temperaturen Wasser gebunden zu halten. In dieser Beziehung reiht sich der Bimsstein an die Zeolithe und an den Gyps.

Versuch VII. Bimssteine in einer Glasröhre wurden in siedendem Wasser erhitzt, während vermittelst

Chlorcalcium getrocknete Luft durch die Röhre strömte. Es zeigte sich im kalt gehaltenen Theile derselben auch nicht eine Spur condensirten Wassers. Der Glühverlust betrug 4,54%.

Um zu ermitteln, ob der geglühte Bimsstein die gleiche Menge Wasser wieder aufnehmen kann, wurde er 40 Stunden lang unter Wasser gebracht und befestigt, um das Aufsteigen zu verhindern. Nachdem er wieder in der Siedhitze des Wassers getrocknet worden war, zeigte sich nicht die geringste Gewichtszunahme. Der Bimsstein hatte also kein Hydratwasser aufgenommen.

Da erst in mäfsiger Glühhitze das Hydratwasser verflüchtigt wurde: so mufste es mit grofser Verwandtschaft an den Bimsstein gebunden gewesen sein. Man konnte daher erwarten, dafs der 40 Stunden lang im Wasser gelegene Bimsstein dasselbe wieder aufgenommen haben würde.

Entweder, müssen wir schliefsen, verliert der Bimsstein durch Glühen seine Verwandtschaft zum Wasser, oder es sind lange Zeiträume erforderlich, ehe dieselbe wieder erwacht.

Wie kann die Aufnahme des Wassers durch die Bimssteine gedacht werden? Existirte das Bimssteinmaterial auf seiner ursprünglichen Lagerstätte im wasserfreien Zustande, wie wir annehmen müssen, kam es beim Aufsteigen in den Canälen mit Wasserdämpfen in Berührung: so trat Porenbildung ein. Die weiche Masse ging in Folge der Abkühlung durch die Dämpfe nach und nach in den festen Zustand über und wurde durch die Expansivkraft der Wasserdämpfe in mehr oder weniger heifsem Zustande ausgeworfen.

Nach gänzlicher Abkühlung und nach langen Zeiträumen nahmen die ausgeworfenen Bimssteine aus der Atmosphäre Wasser auf, wovon das, was erst in der Glühhitze fortgetrieben werden kann, chemisch gebunden ist.

Wir kommen zu dem Schlusse, dafs die in den Bimssteinen aus dem *Laachersee*-Gebiete gefundenen Wasserquantitäten seit ihrem Auswurfe aus Krateren aufgenommen worden sind. Gewifs hatte aber diese Aufnahme das Maximum schon längst erreicht.

§. 55. Das Schwimmen der Bimssteine auf Wasser.

Angenommen ein Bimssteincubus von 1 Fufs Seite und 0,5 spec. Gewicht schwimme auf Wasser: so taucht er 0,5 Fufs unter und ragt ebenso viel über das Wasser. Die Luft in den der untern Seite des Cubus nächsten Poren steht daher unter dem Drucke einer Wassersäule von 0,5 Fufs Höhe. Die in den communicirenden höher gelegenen Poren befindliche Luft strömt aufwärts, das Wasser folgt nach. Das spec. Gewicht des Bimsstein nimmt zu, steigt es über 1, so sinkt er nieder.

Enthielt der Bimsstein, wie einer von den untersuchten, 75,31% Volumentheile Poren: so kommt er zum Niedersinken, wenn 43,58 Volumentheile mit Wasser erfüllt worden sind. Gelangt er auf den Boden des Flusses oder des Meeres: so hört das Verdrängen der noch eingeschlossenen Luft auf. Sie wird blos durch den Druck einer im Meere bis zu Tausenden von Fufsen steigenden Wassersäule bis auf ein Minimum zusammengeprefst und an ihre Stelle tritt Wasser.

Da das Verdrängen der Luft durch Wasser langsam von Statten geht, so können die Bimssteine lange Reisen auf dem Wasser machen, ehe sie zum Niedersinken kommen. Die vom Rhein zwischen *Coblenz* und *Andernach* bei hohem Wasserstande vom linken Ufer losgerissenen Bimssteine werden gewifs in die *Nordsee* geführt. Die vom *Vesuv* in das Meer geschleuderten Bimssteine mögen durch Südwinde an die Küsten von *Ober-Italien* und *Frankreich* und durch Nordwinde an die Küsten von *Africa* getrieben werden, ehe sie niedersinken.

Die Bimssteine, welche bis zu grofsen Entfernungen fortgeführt werden, sind gewifs feiner Staub, der, wenn er auf Wasser fällt, niedersinkt; nur grofse Stücke schwimmen.

Die zur Zeit der Bimsstein-Eruptionen im *Laachersee*-Gebiete in den See und in den Rhein gefallenen Bimssteine von ungleicher Gröfse waren daher einer Sonderung ausgesetzt. Die feinen Theile sanken nieder, die groben schwammen. Wurden aber die eingeschlossenen Luftbläschen nach und nach durch das Wasser, wenn auch nicht vollständig, verdrängt: so sanken auch die groben Theile nieder. Mögen daher noch so grofse Massen Bimssteine auf den See gefallen sein: so sind sie doch gewifs längst untergegangen.

Auf künstlichem Wege können die in Bimssteinen eingeschlossenen Luftbläschen verdrängt werden, wenn das mit einem Gewicht beschwerte unter Wasser befindliche Bimssteinstück so lange unter der Luftpumpe bleibt, als noch Luftbläschen aufsteigen. Nach Entfernung des Gewichts taucht dann der Bimsstein nicht mehr auf.

§. 56. Künstliche Nachahmung des Bimsstein-Auswurfs aus Krateren durch Wasserdämpfe.

Versuch VIII. An eine eiserne Röhre *a b c* (Fig. 20) wurde ein kupferner Kolben *a d* befestigt. Das Ende *c* reichte bis zum Boden eines Schmelztiegels *e*, in welchem bei *f* ein durchlöchertes Eisenblech eingeklemmt war, auf welches gepulverter Bimsstein geschüttet wurde. Die durch anhaltendes Sieden des Wassers im Kolben *d* entwickelten Dämpfe stiegen durch das bis zum Glühen erhitzte Pulver auf, ohne aber merkliche Theile desselben mit sich zu führen.

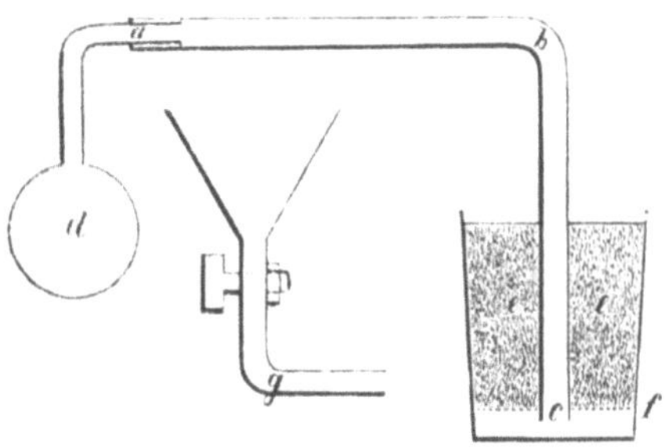

Fig. 20.

Versuch IX. Der Apparat wurde verändert. Statt des Kolbens wurde die mit einem Hahn und Trichter versehene Röhre *g* bei *a* eingeschraubt. Als nun das Pulver bis zum Hellrothglühen erhitzt worden war, liefs man durch den momentan geöffneten Hahn Wasser einfliefsen, welches im glühenden Tiegel sogleich in Dampf von hoher Spannung überging. Dieser glühend heifse Dampf drang durch das ebenso heifse Pulver und führte davon so viel fort, dafs eine dichte Staubwolke aufstieg. Nur vier Fufs hoch konnte man sie verfolgen. Höher hinauf zog sie sich in den Kamin fort.

Durch fortgesetztes Oeffnen und Schliefsen des Hahns wiederholten sich diese Erscheinungen.

Versuch X. Als man auf die Oberfläche des hellroth glühenden Bimssteinpulvers Wasser fliefsen liefs, stieg sogleich eine grofse dichte Staubwolke auf und gröbere Theile wurden 8 Fufs weit seitwärts geschleudert. Nachdem der Rest des Pulvers wieder bis zum hellrothen Glühen erhitzt worden war, brachte das zufliefsende Wasser nur eine kleine Staubwolke zum Aufsteigen und gröfsere Theile wurden nicht umhergeschleudert. Dies rührte davon her, dafs das rückständige Pulver in Folge der plötzlichen Abkühlung auf der Oberfläche zusammenballte, wie man dies fühlen konnte, als eine Eisenstange eingesenkt wurde. Als dagegen neues Pulver aufgeschüttet und zum Glühen gebracht wurde, wirkte zugegossenes Wasser fast ebenso wie beim ersten Zugiefsen.

Um die Bildung einer zusammengeballten Kruste zu verhindern, liefs man das Wasser fast nur tropfenweise zufliefsen und so geschah es, dafs alles Wasser verdampfte und nichts davon eine Kruste bilden konnte. Auf diese Weise gelang es, ein permanentes Aufsteigen von Staubwolken zu erreichen. Selbstredend konnten dieselben nicht so grofs sein und nicht so hoch aufsteigen, wie bei dem Zufliefsen gröfserer Quantitäten Wassers auf einmal.

Das auf das glühende Bimssteïnpulver fallende Wasser dringt, sei es auch noch so wenig, in dasselbe hinein. Dieses Wasser kann es nur sein, durch dessen Verdampfung das darauf liegende Pulver fortgeschleudert wird. Das schon auf der Oberfläche verdampfende Wasser kann selbstredend nicht wirksam sein. Versuche bestätigten dieses Verhalten. Je höher herab man nämlich das Wasser auf das glühende Pulver fallen liefs, je gröfser daher die Geschwindigkeit des fallenden Wassers war, desto mehr Pulver wurde fortgeschleudert. Man erreichte dies, indem man mittelst einer Spritzflasche aus gröfseren und geringeren Höhen Wasser auf das glühende Pulver herabfallen liefs.

§. 57. Schmelzversuche mit Bimsstein.

In mineralogischen Lehrbüchern wird angeführt, dafs vor dem Löthrohr manche Bimssteine nur höchst schwierig, andere leicht und unter Aufwallen zu einem weifsen Email schmelzen.

Folgende Schmelzversuche wurden mit Massen von mehreren Lothen Gewicht in hessischen Schmelztiegeln vorgenommen.

Da unter den vulkanischen Producten die Lava das leicht- und dünnflüssigste ist: so dient sie als Maafsstab zur Vergleichung der Intensität dieser Eigenschaften mit der, welche andere Gesteine besitzen.

Versuch XI. Gepulverter Bimsstein wurde ungefähr 1 Stunde lang im Windofen erhitzt. Die Masse war geschmolzen; vergebens bemühte man sich aber, die hellroth glühende Masse auszugiefsen. Nach dem Zerschlagen des Tiegels erschien sie in kleinen traubenartig an einander gereihten, dem Email ähnlichen stark glänzenden Kügelchen von grauweifser Farbe. Zwischen den Gruppen dieser an einander gereihten Kügelchen waren unregelmäfsig geformte hohle Räume, in denen hier und da Fäden der geschmolzenen Masse zwischen den Wänden ausgespannt waren.

Die so beträchtliche Dickflüssigkeit des Bimsstein macht ihn zur Porenbildung sehr geneigt. Dies stimmt auch damit überein, dafs seine Porosität die der porösesten Lava noch übertrifft.

Versuch XII. Gepulverter Bimsstein wurde vor der Esse dem höchsten Hitzgrade, der im Kohlenfeuer zu erreichen ist, ausgesetzt. Acht Minuten nach anfangendem Glühen wurde er weich und blieb so im 30 Minuten lang fortgesetzten Gebläsefeuer. Als man die geschmolzene Masse auszugiefsen versuchte, sank sie zwar beim Neigen des Tiegels um 1 Zoll, flofs aber nicht aus. Die im Tiegel erstarrte Masse war auf der Oberfläche ganz verglast, auf den Bruchflächen aber sehr porös und etwas traubig.

Versuch XIII. Gleiche Quantitäten Lava- und Bimssteinpulver wurden in zwei neben einander gestellten Probirtuten 45 Minuten im Windofen bei gleichen Hitzgraden geglüht. Nach 15 Minuten waren beide weich geworden. Die Lava war so dünnflüssig, dafs sie in dünnem Strahl ausgegossen werden konnte und dafs nur ein ganz geringer Ueberzug im Tiegel zurückblieb.

Die letzte in sehr geringer Menge ausgeflossene Lava

erstarrte in der Luft, blieb aber noch so weich, dafs sie zu einem 2 Fufs langen Faden von der Dicke eines Pferdehaares ausgezogen wurde. Die ganze Masse wurde in Wasser gegossen und neben gröfseren Massen erstarrter Lava fanden sich auch einige zolllange Fäden.

Der Bimsstein konnte, wie in den früheren Versuchen, nicht ausgegossen werden. Die Probirtute hatte unten ein Loch bekommen; es flofs aber nichts von der geschmolzenen Masse aus, die in ihrer ursprünglichen Lage blieb. Sie war ebenso beschaffen wie die im Versuch XII, aber grünlich gefärbt.

Versuch XIV. Drei Probirtuten *A, B, C* wurden im Windofen in ein Dreieck gestellt, damit sie gleichen Hitzgraden ausgesetzt waren. In *A* wurde ein Gemeng von gleichen Theilen, Lava- und Bimssteinpulver, in *B* ein Theil Lava und zwei Theile Bimssteinpulver geschüttet, in *C* ein Stück Bimsstein in Lavapulver eingegraben. Nach einstündigem starken Glühen waren die Gemenge in *A* und *B* vollkommen geschmolzen; vergebens versuchte man aber die geschmolzenen Massen auszugiefsen. Die Lava hatte ihre dünnflüssige Eigenschaft durch Mischung mit dem Bimsstein eingebüfst. In *C* war der gröfste Theil des Bimssteins abgeschmolzen. Ohne Zweifel würde das ganze Stück zum Schmelzen gekommen sein, wenn der Tiegel noch länger im Feuer geblieben wäre.

§. 58. Umwandlung des wasserfreien schwefelsauren Kalk in wasserhaltigen. Abscheidung des Wassers aus letzterm.

Man wird sich wundern, in einer Abhandlung über vulkanische Gesteine neben Bimsstein rein neptunische Bildungen, Anhydrit und Gyps, zu finden. Da aber diese so verschiedenen Gesteine im Verhalten zum Wasser eine grofse Aehnlichkeit zeigen: so ist es gestattet, aus dem der Beobachtung näher liegenden Verhalten des Gyps auf das des in seiner ursprünglichen Lagerstätte unzugänglichen Bimsstein Schlüsse zu ziehen.

Die Umwandlung des Anhydrit in Gyps geht bekanntlich im Mineralreich im grofsartigen Maafsstabe von Statten [1]).

[1]) Vgl. meine Geologie. 2. Aufl. Bd. II. S. 188.

Der Anhydrit nimmt bei seiner Umwandlung in Gyps 0,2625 seines Gewichts Wasser auf. Diese bedeutende Aufnahme und die dadurch herbeigeführte Volumvermehrung ist besonders in alten Stollen, welche in Anhydrit getrieben werden, wahrzunehmen. In denselben finden sich Schalen so von den Wänden losgezogen, daſs die Bergleute kaum durchgehen können.

Vor fünf Jahren habe ich Versuche begonnen um zu ermitteln, ob nach längerer Zeit die Aufnahme von Wasser durch den Anhydrit nachgewiesen werden kann.

Versuch XV. Unter eine Glasglocke wurde gepulverter Anhydrit und ein stets mit Wasser gefülltes Gefäſs gebracht. Die Glocke war auch mit Wasser abgesperrt. Der Raum unter derselben war daher stets mit Wasserdampf erfüllt. Während jenes Zeitraums hatten 100 Theile in der Siedhitze des Wassers getrockneter Anhydrit 13,5 Theile Wasser aufgenommen. Ein zweiter Versuch gab 14,05. Da nun 100 Theile Anhydrit 26,25 Theile Wasser zur Umwandlung in Gyps aufnehmen müssen: so waren noch 12,75 Theile Wasser aufzunehmen. Schreitet diese Aufnahme in demselben Verhältnisse fort wie in den verflossenen 5 Jahren: so würden im Ganzen 10 Jahre zur Umwandlung des Anhydrit in Gyps erforderlich gewesen sein.

Versuch XVI. Gleichzeitig mit vorhergehenden Versuchen wurde gepulverter Anhydrit in einem Stöpselglas mit Wasser übergossen. Nach 5 Jahren gab der in der Luft getrocknete Anhydrit in der Siedhitze kein Wasser, in der Glühhitze aber 18,85%; 100 Theile Anhydrit hatten daher 23,23 Theile Hydratwasser aufgenommen; mithin 3,02 Theile weniger als im Gyps enthalten ist. Wenn in demselben Verhältniſs die Aufnahme des Wassers fortgeschritten wäre: so würde in 5 Jahren und 8 Monaten Sättigung eingetreten sein.

Versuch XVII. Unter die Glasglocke wurde gleichzeitig ein derbes Stück Anhydrit gelegt, welches, wie der gepulverte Anhydrit, der mit Wasserdampf erfüllten Luft ausgesetzt war. In der Siedhitze des Wassers gab es kein Wasser. Der Glühverlust betrug 1,43%. Wenn in demselben Verhältniſs die Aufnahme des Wassers fortgeschritten wäre: so würde in 91,8 Jahren Sättigung eingetreten sein.

Versuch XVIII. Nachdem krystallinischer Gyps in der Siedhitze getrocknet worden, begann die Destillation des Krystallwassers bei 80°. Die Quantitäten des entwickelten Wassers, welche aus den Gewichtsabnahmen des Gyps bestimmt wurden, betrugen

von 80° bis 180°	19,42%
„ 180° „ 235°	0,30%
In der Glühhitze	0,99%
	20,71%

Versuch XIX. Gypsspath in der Siedhitze des Wassers getrocknet.

Bei 96° begann die Entwicklung des Wassers, bei 184° kam es zum Abtropfen, bei 352° war die Destillation beendigt.

Die ganze Menge des Wassers betrug	21,75%
Durch mäfsiges Glühen verlor er noch	1,70%
Durch starkes Glühen	0,50%
	23,95%

Vergleichen wir diese Resultate mit denjenigen, welche der Bimsstein ergeben hat. In der Glühhitze wurden vom Gyps 9% Krystallwasser, vom Bimsstein dagegen 47% Hydratwasser abgeschieden. Je mehr Wasser aber schon in Temperaturen unter der Glühhitze abgeschieden wird, desto geringer ist die Verwandtschaft, womit es gebunden ist und umgekehrt. Im Bimsstein ist daher das Wasser mit viel gröfserer Verwandtschaft gebunden als im Gyps. Da nun durch Versuche nachgewiesen wurde, dafs wasserfreier Gyps im Laufe der Zeit Wasser chemisch binden kann: so ist dies um so mehr vom wasserfreien Bimsstein zu erwarten.

Versuch XX. Stark geglühter Gypsspath wurde mit der Hälfte seines Gewichts Wasser zu einem Brei angerührt. Nach sechs Tagen hatten 100 Theile in der Siedhitze des Wassers getrockneter Gypsspath 3,7 Theile Krystallwasser aufgenommen.

Berzelius führt an, dafs der Gyps, wenn er bedeutend über die Temperatur hinaus, die zum Austreiben seines Krystallwassers erforderlich ist, erhitzt wird, seine Verwandtschaft zum Wasser verliert, und dafs man dieses auch dem natürlichen wasserfreien Gyps auf keine andere Weise wiedergeben kann, als durch Auflösen in Wasser oder in Salzsäure und Verdunsten der Lösung bis zur Abscheidung.

Unzweifelhaft würde mein verewigter Freund gefunden haben, dafs wasserfreier Gyps, Anhydrit oder künstlich entwässerter Gyps, Krystallwasser auf direktem Wege aufnehmen kann, wenn zu seiner Zeit die Chemiker beachtet hätten, dafs die im Mineralreiche von statten gehenden chemischen Processe meist lange Zeiträume, denen gegenüber unsere kurze Lebenszeit verschwindet, fordern.

Versuch XXI. Künstlicher schwefelsaurer Kalk wurde dargestellt aus kohlensaurem Kalk und Schwefelsäure, der Niederschlag wurde sorgfältigst ausgewaschen. In der Siedhitze des Wassers getrocknet, fing sein Krystallwasser bei 104° an zu entweichen, gab bei 176° viel Wasser, das bei 208° abtropfte; bis 348° erhitzt, zeigten sich nur noch Spuren.

Die ganze Menge des entwickelten Wassers betrug . . .	5,00%
Durch Glühen ergaben sich noch	4,35%
	9,35%
Als die künstliche schwefelsaure Kalkerde nach dem Austrocknen sogleich geglüht wurde, betrug das Wasser	8,5%

Berzelius gibt an[1]), dafs das eine Atom des Krystallwassers der schwefelsauren Kalkerde schon bei 80° R., das zweite bei 106° ausgetrieben wird. Dies stimmt mit dem Resultate meiner Versuche, welche durchaus nicht fehlerhaft sein konnten, keineswegs überein. Dafs Berzelius wie ich künstlich schwefelsaure Kalkerde angewandt hatte und dafs diese schon in der Siedhitze des Wassers einen Theil ihres Krystallwassers abgibt, ist gewifs.

Versuch XXII. Gyps, womit vor ungefähr 20 Jahren eiserne Träger in eine Wand eingekittet wurden, enthielt 19% Wasser, also nahe so viel als das Hydratwasser beträgt. Solcher Gyps von einer anderen Stelle gab:

in der Siedhitze	0,34%	Wasser
durch Glühen	18,96%	»
	19,30%	»

Die Resultate vorstehender Versuche führen zu einem eigenthümlichen Verwandtschaftsverhältnifs, welches meines Wissens bis jetzt nicht beachtet worden ist. Das Krystallwasser, welches die künstlich dargestellte schwefelsaure Kalkerde aufnimmt, wird bald nach ihrer Darstellung in

[1]) Lehrbuch der Chemie, 5. Aufl., Bd. III, S. 401.

der Siedhitze fortgetrieben. Erreicht aber das Salz ein gewisses Alter: so entweicht das Krystallwasser erst in der Glühhitze. So geschah es, als wasserhaltige schwefelsaure Kalkerde, die als Kitt gedient, ein Alter von ungefähr 20 Jahren erreicht hatte.

Abgesehen von den Gypslagern im Mineralreiche, deren Alter gar nicht zu ermessen ist, wird auch der in der Jetztzeit aus Gewässern sich absetzende Gyps erst in der Glühhitze sein Krystallwasser verlieren.

Das Verwandtschaftsband, welches das Krystallwasser an die schwefelsaure Kalkerde knüpft, mufs demnach im Laufe der Zeit so zunehmen, dafs es erst in der Glühhitze überwunden werden kann.

Sollte die schwefelsaure Kalkerde das einzige Salz sein, welches jene auffallenden Verhältnisse zeigt? Sollte es nicht unter der grofsen Zahl der künstlich dargestellten Salze noch andere geben, deren Krystallwasser im Laufe der Zeit immer inniger gebunden wird? Dies zu untersuchen kann indefs kein Gegenstand geologischer Forschungen sein.

Kapitel XVIII.

Basalt.

Wo zwischen Gesteinen in chemischen, mineralogischen und physikalischen Eigenschaften eine so grofse Aehnlichkeit stattfindet, wie zwischen Laven und Basalten, da ist es gerechtfertigt, auch auf gleichen Ursprung zu schliefsen.

§. 59. Uebereinstimmung der Basalte und Laven in mineralogischer Beziehung.

Der Güte meines Freundes Zirkel verdanke ich darüber nachstehende Mittheilungen.

Die im Aeufsern nicht von einander unterscheidbaren Basalte zerfallen nach der mikroskopischen Untersuchung in drei abweichend zusammengesetzte Gruppen, in Feldspathbasalte, Leucitbasalte, Nephelinbasalte, je nachdem der immer vorhandene Augit von triklinem Feldspath, von Leucit oder von Nephelin als Hauptgemengtheil begleitet wird. Diese drei eisenfreien, thonerdehaltigen Alkalisilicate vertreten sich gewissermaafsen dem Augit gegenüber. Völlig übereinstimmend zertheilen sich auch sämmtliche basaltische Laven in dieselben drei Gruppen und jedwede Eigenthümlichkeit der vielfach abweichenden Mikrostructur, welche man bei den Basalten beobachtet, findet sich in getreuester Analogie bei den Laven wieder.

Wenn auch so im Allgemeinen die Basalte unter einander sehr abweichend beschaffen sind, so ergibt es sich doch, dafs die zu einem Bezirk zusammengeschaarten Basaltvorkommnisse unter einander verhältnifsmäfsig nur wenig differiren, während andererseits die einzelnen Regionen gegenseitig verglichen, gröfsere Verschiedenheit offenbaren. So sind — als Beispiele von dieser geographischen Absonderung der Basalttypen — die Basalte des *Siebengebirges* und seiner nähern Umgebung, gerade wie die gewaltigen

Basaltablagerungen *Schottlands*, der *Hebriden*, der *Faeröer* und *Islands* sämmtlich Feldspathbasalte und es hat sich bis jetzt noch kein Körnchen Leucit in ihnen gefunden, wogegen die Basalte des *Erzgebirges*, wie es scheint, sammt und sonders Leucit und Nephelin führen und feldspathfrei sind. Aus der Umgegend des *Laachersees* wurde bisher noch keine Lava untersucht, in welcher sich nicht reichlicher Leucit beobachten liefs, während dieser Gemengtheil den zahlreichen Basalten und Laven der grofsen centralfranzösischen vulkanischen Region *(Auvergne, Cantal, Velay, Vivarais)* nach dem jetzigen Stande unserer Kenntnisse, die noch über kein Kryställchen französischen Leucits zu berichten wissen, total fehlt. Dort sind alle hierher gehörigen untersuchten Gesteine feldspathführend und dabei nephelinfrei oder nephelinarm.

So verwischen sich im Allgemeinen gänzlich die Unterschiede zwischen Laven und nichtvulkanischen Basalten; ob das basaltische Material als Lavastrom geflossen ist, oder ob es Kuppen und Gänge bildet, das ist ganz ohne wesentlichen Einflufs auf den mineralogischen Charakter und auf die Zerfällung des Magmas in Silicate. Die *Laacher* Laven sind zu Leucitgesteinen geworden, während es im *Erzgebirge* und im *böhmischen Mittelgebirge* gerade nicht vulkanische Basalte sind, welche als Leucitträger erscheinen und jenen bis ins kleinste Detail der Zusammensetzung und Mikrostructur ähneln. Umgekehrt zeichnen sich die geflossenen Basaltlaven Central-*Frankreichs* gerade durch die Abwesenheit von Leucit aus und stimmen in ihrem petrographischen Verhalten durchaus mit den gewöhnlichen Basaltkuppen des *Siebengebirgs* überein.

Dennoch können l o c a l bedeutsame Unterschiede zwischen Laven und nichtvulkanischen Basalten hervortreten: nur die ächten Laven sind es um den *Laachersee* und in der *Eifel*, welche mit Leucit ausgestattet sind, von den zahlreichen in der Nachbarschaft umhergestreuten Basaltkuppen um *Adenau* und *Kelberg* und in dem Quellgebiet der *Ahr* führt, soviel bekannt, keine einzige auch nur eine Spur von Leucit. Diesen ist durch ihren Feldspathgehalt ein ganz abweichender Charakter aufgedrückt, der dieselben in eine Linie stellt mit denen des *Siebengebirgs* und seiner Trabanten auf der rechten und linken Seite des *Rheins*. Ganz verloren zwischen den letztern erscheint als äufserster ächt vulkanischer Vorposten der *Roderberg* bei *Mehlem* und um die locale Differenz zwischen Basalt und Laven völlig durchzuführen, sind dessen Schlacken im Gegensatz zu den nachbarlichen Feldspathbasalten wieder Leucitgesteine, wie die des fast vier Meilen entfernten *Laachersees* [1]).

§. 60. Bestimmung der Porosität einiger Basalte.

Nach dem früher ausführlich angegebenen Verfahren ergaben sich für den

	Volumproc. d. Gesteins	Volumproc. d. Poren	
Basalt vom *Jungfernberg, Siebengebirge* .	100	0	porenfrei
B.-blöcke zwischen *Bertenau* und der *Dreischlagskapelle*	100	0	»
B. von *Oberneschen* bei *Bertenau* . . .	100	0	»
B. vom *Minderberg*	99,41	0,59	
Zersetzter B. vom *Minderberg*	98,52	1,48	

Diese Basalte sind daher bei weitem weniger porös, als die Laven.

§. 61. Verhalten der Wasserdämpfe zum geschmolzenen Basalt.

Wir haben bewiesen, dafs Wasserdämpfe die geschmolzene Lava in Schlacken umwandeln. Um zu ersehen, ob Basalt, der ebenso leicht schmelzbar und dünnflüssig wie die Lava ist, zu einer solchen Umwandlung gleichfalls fähig ist, wurde folgender Versuch angestellt [2]):

Gewöhnlicher wasserhaltiger Thon wurde in einen Schmelztiegel eingeknetet und darauf eine viel gröfsere Menge dünnflüssigen Basalts so schnell gegossen, dafs jener sogleich überdeckt wurde. Alle sich entwickelnden Wasserdämpfe mufsten daher durch die Basaltdecke dringen. Dies geschah, ohne dafs etwas von der geschmolzenen Masse herausgeschleudert wurde. Nur ein geringes Zischen war wahrzunehmen. Eine hell leuchtende Flamme brach hervor, welche aber bald erlosch. Wahrscheinlich rührte sie von organischen Resten im Thon her. Hierauf trat eine

[1]) Zirkel, Basaltgesteine 1870. S. 187 ff.
[2]) Meine Geologie Bd. III S. 389 ff.

fortwährende Dampfentwicklung ein. Die geschmolzene Masse hob sich, platzte, eine Dampfwolke stieg auf, die Masse sank wieder zurück um abermals gehoben zu werden. Dies wiederholte sich so lange als der feuerflüssige Zustand anhielt. An einer Stelle wurde die Masse zu einer hohlen Kugel aufgeblasen, deren Wanddicke ebenso dünn war, wie man sie beim Blasen des Glases vor der Lampe erhalten kann.

Nach allmäliger gänzlicher Erstarrung wurde der Tiegel zerschlagen, wodurch sich die Basaltdecke von dem Thon absonderte. Diese war im unteren Theile ebenso dicht, glasig und ohne Poren wie auf gewöhnliche Weise in Tiegeln geschmolzener und darin erstarrter Basalt. Im oberen Theile waren aber ein ovaler Höhlenraum von 2 und $1^1/_4$ Zoll Durchmesser, einige kleinere Höhlenräume und viele Poren. Schlackiger Basalt hätte entstehen müssen, wenn er mit feuchtem Thon in Berührung gekommen wäre.

§. 62. Schlackiger Basalt.

C. v. Leonhard [1]) führt viele Vorkommnisse schlackiger Basalte an; er bemerkt jedoch, dafs sie da, wo die Basaltformation in grofsartiger Weise entwickelt ist, gar nicht oder doch nur selten auftreten. In Bezug auf die Basaltlager sagt er, dafs man solche vielfach in ihren oberen, seltener dagegen in den unteren Theilen verschlackt findet. Die basaltischen Ströme sollen stets unten dicht, nach oben porös, blasig und schlackig werden. Nirgends spricht er von grofsen Höhlenräumen in Basalt, sondern nur da, wo er von Strömen handelt, die unzweifelhaft Lavaströme sind.

Naumann [2]) gibt an, dafs das Plateau des *Vogelsgebirges* vorwaltend aus dichtem, porösem und blasigem Basalt in fast horizontaler Verbreitung besteht, ohne jedoch die relative Stellung dieser Varietäten zu unterscheiden.

Es ist zu bemerken, dafs manchmal zersetzte Zustände der Basalte mit schlackigen verwechselt worden sein mögen.

---

[1]) Basaltgebilde. I. Abth. S. 169 ff.

[2]) Lehrb. d. Geogn. I. Aufl. Bd. II. S. 1126.

In Betreff des Vorkommens schlackiger Basalte theilte mir mein Freund Zirkel folgendes mit.

Innerhalb der ausgedehnten Basaltablagerungen des nordöstlichen *Europa*, welche aus *Irland* über die *Hebriden* und *Faeröer* nach *Island* und *Grönland* ziehen, ist es eine vielorts zu beobachtende Erscheinung, dafs einzelne der Decken, die dort oft zu Hunderten über einander gelagert sind, an ihrer Ober- und Unterfläche deutlich eine schlackige und blasige Ausbildung zeigen. Diese rothe poröse Schlackenkruste ist mitunter 3 Zoll dick und sehr häufig sind die Blasenräume sämmtlich nach einer Richtung in die Länge gezogen. Auf den *Färöer* bieten die Lager an der Oberfläche selbst jene tauartig gedrehten Wülste und runzelig gerippten Kuchen dar, wie sie oben auf den fliefsenden Laven entstehen. Dafs diese Basaltdecken horizontale Ausbreitungen von mehr oder weniger senkrechten Gängen sind, ist an unzähligen Orten zu gewahren. Zwischen den einzelnen so beschaffenen und übereinander geschichteten Basaltlagern kommen dann auch eingeschaltete Tufflager vor, in nichts zu unterscheiden von denjenigen, welche durch die Tuff- und Aschen-Eruptionen der heutigen Vulkane geliefert werden. In solchen Zwischenlagern von Tuff hat der Herzog von Argyll am Vorgebirge *Ardtun Head* auf der *schottischen* Insel *Mull* miocäne Blattabdrücke gefunden und es ergibt sich somit, dafs die Basalte auch hier, gleichwie in *Island* und nicht minder im *Siebengebirge*, im *Westerwald* und in *Hessen* in engster Beziehung zu der Braunkohlenformation stehen.

Grubendirector Hermann Heymann theilte mir über das Vorkommen schlackiger Basalte in der Umgegend von *Bonn* auf dem rechten Rheinufer mit, dafs kürzlich am *Minderberg* eine Ueberlagerung des Basaltes mit verwitterten Schlacken beobachtet worden sei; am *Unkeler* Steinbruch, oberhalb *Oberwinter* habe er schlackenartige Massen gefunden. Am *Kitzenberg* unweit *Königswinter* beobachtete Dr. Krantz Uebergänge von der Anamesit genannten Basaltvarietät in porösen, mandelsteinartigen und ganz schlackigen Basalt.

In einem Basaltbruche (*Fuchsloch* genannt) zwischen *Obercassel* und *Ramersdorf* finden sich Schlacken, die denen von den Krateren und Schlackenbergen im *Laachersee*-Gebiete in der Form und Gröfse der Poren ganz ähnlich sind. Von diesem Basaltbruche zieht sich in entgegengesetzter Richtung eine zweite Basaltpartie hin, welche die Dörfer *Küdinghoven* und *Limperich* berührt, bei erstern die Kuppe *Ennert*, bei letzterm den *Finkenberg*, den nordwestlichen Ausläufer des *Siebengebirges* bildend. In Beziehung auf die Lagerungsverhältnisse in jenem Basaltbruch *Fuchsloch* gab Heymann das folgende Profil:

Die unterste Lage ist fester, brauchbarer Basalt	40—50	Fufs	mächtig
Darauf poröser Basalt	20	»	»
Dann folgt ein Gemenge von porösem und schlakkigem Basalt	10	»	»
Die oberste Lage ist ganz schlackiger Basalt .	20	»	»
Die ganze Mächtigkeit dieser vier Lagen ist daher	90—100	Fufs.	

Von diesen Gesteinen bestimmte ich die Porosität. Es wurden gefunden:

		Volumproc. d. Gesteins	Volumproc. d. Poren
I.	Dichter Basalt, untere Lage	99,40	0,60
II.	Poröser Basalt, darüber	94,88	5,12
III.	Poröser und schlackiger Basalt, daüber .	85,84	14,16
IV.	Schlacke des Basalts, oberste Lage . . .	45,67	54,33

Es zeigte sich also, wie bei den Krateren und Schlackenbergen (S. 159), eine Zunahme der Porosität von unten nach oben.

Noch poröser als Nro. IV erwies sich ein schlackiger Basalt von *Medwe* im *Neograder* Comitat in *Ungarn*, welcher 40,88 Volumproc. Gestein, 59,12 Volumproc. Poren ergab.

Es kann nicht bezweifelt werden, dafs diese Schlacken nur aus geschmolzenen Massen, welche aus der Tiefe aufgestiegen sein müssen, hervorgegangen sein können [1]). Es

---

[1]) In meinem Lehrbuch der chemischen und physikalischen Geologie habe ich die Verhältnisse beleuchtet, welche nicht zu Gunsten einer Bildung der Basalte auf feuerflüssigem Wege sprechen.

Das ermittelte gleiche Verhalten des Basalt und der Lava in der Hitze, gleiche Schmelzbarkeit und Dünnflüssigkeit, verknüpft mit einer gleichen chemischen Zusammensetzung, liefsen erkennen, dafs ebenso wie diese vor unsern Augen in Spalten aufsteigt, jener in einer frühern Periode aufgestiegen sein kann. Zeigt sich auch in den Formen der erstarrten Massen eine wesentliche Verschiedenheit, bleibt nur die Frage zu beantworten, sind diese Massen Basalt?

Da die unterste Lage stark mit Säuren brauste und stärker als irgend eine der untersuchten Laven: so können wir keinen Anstand nehmen, sie für Basalt zu halten. Mit Zunahme der Porosität nach oben nahm in II, III und IV das Brausen mit Säuren ab, die ächten Schlacken brausten gar nicht. Es ist klar, dafs Basalt wie Lava um so weniger brausen können, je poröser sie sind; denn die Zersetzungsproducte, die Carbonate, werden aus Gesteinen, durch welche die Gewässer schnell filtriren, leichter fortgeführt, als aus Gesteinen, welche fast oder ganz porenfrei sind.

In Beziehung auf die quantitativen Verhältnisse der Lavaschlacken und der Basaltschlacken zeigt sich in dem *Laachersee*-Gebiete und dem angrenzenden Basaltgebiete rechts vom *Rhein* ein grofser Unterschied. Während in den Schlackenbergen die Schlacken Hunderte von Fufsen hoch aufgethürmt sind, in dem Krater des *Hochsimmer* ungefähr 900 Fufs, beträgt die Höhe der Schlackenlage im *Fuchsloch* nur 20 Fufs.

Ausgezeichnet schlackiger Basalt findet sich auf der rechten Rheinseite im Gebiete des *Wiedbach*, $1^3/_4$ Meilen vom *Rhein* in der Umgegend von *Manroth* und *Bertenau* [1]).

indem die Basalte in Kegelformen das Grundgebirge überragen, die Laven in Strömen aus Krateren geflossen sind: so ist selbstredend diese Verschiedenheit darin begründet, dafs die Basalte vor, die Laven nach der Thalbildung ihren Platz eingenommen haben.

Die Ermittelung der genetischen Verhältnisse der Schlacken führte weiter. Diese Begleiter der Laven sind aus Laven hervorgegangen und sind nichts anderes als porös gewordene Laven. Diese Umwandlung kann aber nur stattfinden, wenn Dämpfe oder Gase in flüssige Lava dringen. Diese Thatsache, welche sogar durch das Experiment constatirt werden kann, führt uns aus dem Bereich der Hypothesen. Finden wir daher auf Basalt, wie auf Lava Schlacken, ist die Form der Poren ganz identisch: so ist es unzweifelhaft, dafs die Basaltschlacken auf gleiche Weise wie die Lavaschlacken entstanden sein müssen.

Kein Naturforscher darf einer früheren Ansicht eine später ermittelte und durch Versuche constatirte Thatsache aufopfern. Daher vorstehende Bemerkung.

[1]) Verh. d. naturh. Ver. d. pr. Rheinl. u. Westph. XXV. S. 222 ff.

Ebenfalls am *Wolsberg*, dem letzten der Basaltberge, welche sich vom *Siebengebirge* nordwestlich fortziehen. Der dichte Basalt der senkrechten Säulen, welche sich hier unter einer Decke von geschichtetem Basaltconglomerat finden, erwies sich als porenfrei, eine damit in unmittelbarer Verbindung stehende Schlacke ergab 35,28 Volumprocente Poren. Das untersuchte Stück befand sich innerhalb einer Masse von zersetztem Basalt, welche selbst 21,94 Volumprocente Poren enthielt. Das Gestein ist unzweifelhaft Basalt, denn es braust stark mit Säuren und geht in einen sehr zersetzten Zustand über. Auch bezüglich seiner mikroskopischen Zusammensetzung schliefst es sich vollkommen an die benachbarten Basalte des *Siebengebirges* an und steht den um den *Laachersee* und in der *Eifel* verbreiteten basaltischen Laven durchaus fern. Denn es ist wie jene Basalte, mit denen es gänzlich übereinstimmt, ein ächtes Feldspathgestein und von Leucit, der in den *Laacher* Laven in reichlicher Menge vorhanden und für sie charakteristisch ist, findet sich in dem *Wolsberger* Vorkommen kein Körnchen [1]).

Warum, mufs man fragen, fand die Bildung von Schlakken aus Basalt im Verhältnifs zu der aus Lava in so geringem Grade statt? War der Basalt im geschmolzenen Zustande aufgestiegen, woran hat es gefehlt, dafs nicht ebenso grofsartige Massen Basaltschlacken entstanden sind wie Lavaschlacken? Die Schlackenbildung, mit andern Worten, die Porosität, fehlt nur in sehr wenigen Laven, in den meisten steigt dagegen das Volumen der Poren bis auf 25%. Ob man jemals in unveränderten Basalten eine solche Gröfse finden wird, ist sehr zweifelhaft.

Dafs Basalt, der eben so leichtflüssig wie Lava ist, in Spalten von der Weite, wie sie die Basaltgänge besitzen, im geschmolzenen Zustande aufgestiegen sein kann, ist nicht zu bezweifeln. Eine solche im Gebirge entstandene Spalte kann nicht die Haarspalten, in denen die Gewässer herabfliefsen, abschliefsen. Wasser, wenn auch nur tropfenweise, wird daher mit dem geschmolzenen Basalt in Berührung gekommen sein und ihn ebenso, wie unter gleichen Umständen die Lava, porös gemacht haben. Poröser Basalt

---

[1]) Zirkel, Basaltgesteine, 1870. S. 127.

müfste mithin stets ein Begleiter des porenfreien sein, wie poröse Lava ein solcher der porenfreien Lava ist. Dennoch gehört porenfreie Lava zu den Seltenheiten, porenfreie Basalte sind dagegen als Regel zu betrachten. Das Sickern der Tagewasser durch das Gebirge kann nie unterbrochen worden sein und nie unterbrochen werden.

Es ist zu wünschen, dafs die Aufmerksamkeit auf die Basaltgänge da, wo sie durch Thaleinschnitte entblöfst sind, gerichtet werde. Sollte man den Basalt an den Berührungsflächen mit dem Nebengestein schlackig oder auch nur porös finden: so würde dies ein sicheres Zeichen sein, dafs Wasser in denselben gedrungen ist, als er feuerflüssig war. Ich habe unterhalb *Altenahr* an der *Lochmühle* im *Ahrthal* einen Basaltgang untersucht [1]) und dabei mein Augenmerk namentlich auf die Zersetzung gerichtet, aber nicht eine Spur von poröser oder schlackiger Beschaffenheit wahrgenommen.

Angenommen, eine geschmolzene Basaltmasse durchbreche den Meeresgrund und steige auf bis zur Meeresfläche: so wird geschehen, was geschehen ist, als im Jahre 1830 zwischen der Südwestküste *Siciliens* und *Pantellaria* ein vulkanisches Eiland entstand; denn in Bezug auf das Verhalten zum Wasser sind geschmolzene Lava und geschmolzener Basalt ganz identisch. Die Schlackenbildung würde auf der Oberfläche der aufgetauchten Masse beginnen, sowie sie nur eben mit dem Meerwasser in Berührung käme, bis zu der Tiefe fortschreiten, bis zu welcher dieses dränge und so lange fortdauern, als die Masse im geschmolzenen Zustande bliebe.

§. 63. Zersetzung der Porenwände schlackiger Basalte.

Wenn dichter Basalt den Zersetzungsprocessen unterliegt: so mufs dies in höherem Grade geschehen, wenn er durch die Schlackenbildung aufgelockert ist. Die dünnen Wände der Poren sind ringsumher den Zersetzungsmitteln, dem Sauerstoff oder der Kohlensäure ausgesetzt, wie dies

---

[1]) Mein Lehrbuch der chemischen und physikalischen Geologie, 2. Aufl. Bd. III, S. 176 ff.

die Ocherfarbe und das starke Brausen der schlackigen Massen zeigt. Die Porenwände verlieren ihren Zusammenhang und zerfallen; die Gröfse der Poren nimmt fortwährend ab. So erklärt sich auch der verhältnifsmäfsig geringe Porengehalt von 35,28% der schlackigen Masse in dem früher erwähnten zersetzten Basalt vom *Wolsberg* (S. 200)[1]. Er wird gewifs noch fortwährend abnehmen, denn so lange als noch Poren vorhanden sind, mufs es auch Porenwände geben, welche noch nicht zersetzt worden sind. Erliegen auch diese der Zersetzung, so mufs eine mehr oder weniger compacte Masse entstehen.

Die Ansicht, dafs die ganze auf den Basalt des *Wolsberg* gelagerte Masse ursprünglich aus Schlacken bestanden hatte, gewinnt an Wahrscheinlichkeit. Im Laufe der Zeit wurden die Schlackenwände zersetzt: die schlackige Textur verschwand: hier mehr, dort weniger. So erklären sich auch die Einschlüsse noch deutlich erkennbarer Schlackenreste in den zersetzten Massen.

Dafs in Folge fortgeschrittener Zersetzung der Porenwände die Porosität wirklich abnimmt, zeigt die Vergleichung des Porengehalts des schlackigen Basalt vom *Wolsberg* mit demjenigen der ihn einschliefsenden zersetzten Masse. Die Abnahme betrug 35,28—21,94 = 13,34 = 37,8%. Diese Abnahme des Volumen der Schlacken durch ihren Uebergang in zersetzte Massen mufste Senkungen herbeiführen. Da jener Uebergang nicht gleichmäfsig erfolgte: so konnten die Senkungen nicht gleichförmig sein.

War die Abnahme des Volumen der Schlacken an einer Stelle gröfser als an einer benachbarten: so entstand eine Kluft. Grubendirector H e y m a n n wies eine, wahrscheinlich auf diese Weise entstandene Kluft nach.

Sollten solche Verhältnisse nicht auch auf andern Basalt Anwendung finden? Behält man im Auge, dafs schlakkige Basalte leichter und schneller zersetzt werden müssen als porenfreie: so ist denkbar, dafs an anderen Orten die Schlacken durch und durch zersetzt worden und alle Poren verschwunden sind.

---

[1]) Diese Porosität stimmt mit der der Lavaschlacken vom *Hochsimmer* und vom *Rothenberg* überein (vgl. § 40).

Ganz anders verhält es sich mit den Lavaschlacken. Nur selten ist ihre schwarze Farbe in eine ocherbraune übergegangen. Mit Säuren brausen sie sehr schwach, manchmal kaum merklich. Gewiſs werden sie einst, wenn sie das jetzige Alter der Basaltschlacken erreicht haben werden, eben so zersetzt worden sein wie diese.

Erwägt man, daſs die Basaltberge meist mit einer reichen Vegetation bedeckt sind und daſs dies eine Folge bedeutender durch Zersetzung des Gesteins entstandener Lagen Erde ist: so wird es sehr wahrscheinlich, daſs solche Bedeckungen der Basalte mit Schlacken und zersetzt-porösen Varietäten, wie die untersuchten, nicht zu den Seltenheiten gehören möchten.

§. 64. Verhalten der Lava und des Basalt zur Salzsäure.

Die Gesteine wurden gepulvert und das Pulver durch dasselbe Sieb gesiebt. Gleiche Quantitäten der in der Siedhitze getrockneten Pulver wurden mit gleichen Quantitäten Salzsäure gleich lang ohne umzurühren behandelt, hierauf die Rückstände auf das Filter gebracht und mit gleichen Quantitäten Wasser ausgewaschen. Zu diesen Versuchen dienten Basalt vom *Minderberg* bei *Linz* und Lava vom *Bausenberg.* Es wurden stets 100 Gran Gestein mit 600 Gran Salzsäure behandelt. Die Dauer dieser Behandlung ist angegeben.

Da die directe Bestimmung der durch Salzsäure extrahirten Bestandtheile ungenaue Resultate gab, indem in Folge höherer Oxydation des Eisens während des Abdampfens Gewichts-Ueberschüsse sich ergaben, so wurden diese Bestandtheile durch Subtraction bestimmt.

Versuch I.

Nach 24stündiger Behandlung mit Salzsäure:

	Basalt	Lava
Unlösliche Bestandtheile	78,20	78,69
Lösliche »	21,80	21,31
	100,00	100,00

Versuch II.

Nach 40stündiger Behandlung mit Salzsäure:

	Basalt nicht geschmolzen	Basalt geschmolzen
Unlösliche Bestandtheile	78,48	71,00
Lösliche »	21,52	29,00
	100,00	100,00

Versuch III.

Nach 40stündiger Behandlung mit Salzsäure:

	Lava nicht geschmolzen	Lava geschmolzen
Unlösliche Bestandtheile	76,73	65,53
Lösliche »	23,27	34,47
	100,00	100,00

Aus vorstehenden Versuchen ergeben sich folgende Resultate:

1) Salzsäure extrahirte unter gleichen Umständen gleiche Quantitäten aus der Lava wie aus dem Basalt.

2) Diese Quantitäten nahmen bedeutend zu, wenn die Lava wie der Basalt vorher geschmolzen wurde. Ein ganz ähnliches Verhalten weisen gewisse aus Silicaten bestehende Mineralien, wie Granat, Vesuvian, Epidot auf[1]).

3) Sollte die nach ihrem Ausflusse aus dem Krater erstarrte Lava ebenso zersetzbar durch Salzsäure gewesen sein, wie die künstlich geschmolzene nach ihrem Erstarren: so müfste diese Zersetzbarkeit im Laufe der Zeit abgenommen haben. Durch künstliches Schmelzen kann sie dann wieder hervorgerufen werden. Wahrscheinlich sind Veränderungen im Aggregatzustande, Uebergänge aus dem amorphen Zustande in den krystallinischen die Ursachen dieser Erscheinungen. In diesem Sinne spricht sich auch von Kobell hierüber aus, indem er sagt: dass mit Aufhebung des krystallinischen Zustandes durch Schmelzen auch die Attractionskraft der Bestandtheile dieser Mineralien aufgehoben werde[2]).

Diese Ansichten haben durch die mikroskopischen Untersuchungen meines Freundes Zirkel[3]) eine Stütze erhalten. Er fand, dafs die ihm mitgetheilte Lava vom *Bausenberg*, wie die früheren von ihm untersuchten Laven aus den Umgebungen des *Laachersee* Leucitlaven sind.

Leucit wird nur durch anhaltendes Digeriren mit Salzsäure zersetzt. Da bei unsern Versuchen die Leucitlava

---

[1]) Meine Geologie Bd. II. S. 281.

[2]) Meine Geologie a. a. O.

[3]) Ueber die mikroskopische Structur der Leucite und die Zusammensetzung leucitführender Gesteine in der Zeitschr. der Deutschen geol. Gesellschaft, 1868, S. 122.

mit kalter Säure und ohne umzurühren behandelt wurde: so konnte vom Leucit entweder gar nichts oder doch nur eine unwägbare Menge extrahirt werden. In der geschmolzenen Lava existirte dagegen der Leucit als solcher nicht mehr.

4) Gleiche Erscheinungen lassen auf gleiche Ursachen schliefsen. Durch Schmelzen wird die krystallinische Aggregation des Granat, Vesuvian und Epidot zerstört. Es ist daher zu schliefsen, dafs dadurch diese Mineralien angreifbar durch Säuren werden. Es ist wahrscheinlich, dafs andere krystallisirte Mineralien, welche nur dann von Säuren angegriffen werden, wenn sie mittelst Alkalien geschmolzen worden sind, angegriffen werden würden, sofern sie ohne Anwendung dieser Flufsmittel zum Schmelzen gebracht werden können.

5) Das gleiche Verhalten der Lava und des Basalt spricht für gleiche Bildung auf feuerflüssigem Wege.

§. 65. Ursache, warum der Zersetzungsprocefs bei den Basalten in ungleich höherm Grade als bei den Laven von Statten geht.

Beide Gesteine bestehen aus gleichen Silicaten, eine ungleiche Zusammensetzung kann also nicht die Ursache sein. Sie besitzen gleiche Schmelzbarkeit und Dünnflüssigkeit. Nur darin weichen sie von einander ab, dafs die Laven im Allgemeinen bei weitem poröser als die Basalte sind.

Nicht zu übersehen ist ein Umstand, der die Zersetzung des Basalt befördern kann. Er ist sehr geneigt, Feuchtigkeit anzuziehen; daher eignet er sich nicht zu Mauersteinen in Wohnhäusern. Die schlackige Lava hat dagegen diese Eigenschaft nicht und dient deshalb in der Nähe der Schlackenberge sehr häufig zu diesem Zweck. Damit ist im Zusammenhang, dafs ich beim Zerschlagen von Basaltsäulen Wassertropfen auf den Bruchflächen wahrgenommen habe. Ungeachtet der so äufserst geringen Porosität des Basalt vermag das Wasser, welches die Zersetzungsmittel enthält, doch nach und nach in das Innere zu dringen.

Die Basalte im Gebiet des *Laachersee* und der *Eifel* haben ihren Platz vor der Bildung der Thäler eingenommen, denn wir finden Basaltgänge in Thälern; die Laven sind in die Thäler geflossen. Zwischen der Bildung beider Gesteine liegt daher der unmeſsbar lange Zeitraum der Erosionsperiode.

Obgleich der Zeitraum zwischen dem Ausflusse der Lava aus den Krateren des *Laachersee*-Gebietes und der Jetztzeit gewiſs ein langer ist: so dürfte er doch wohl im Verhältniſs zu der unmeſsbar langen Erosionsperiode eine verschwindende Gröſse sein.

Die vulkanischen Eruptionen sind, wie die noch thätigen Vulkane zeigen, Erscheinungen, welche in die neueste Zeit übergreifen. Es kann daher wohl gedacht werden, daſs der Zeitraum, in welchem die erloschenen Vulkane thätig waren, nicht so gar weit der Jetztzeit vorausgegangen ist. Kann man sich nach solchen Reflexionen noch wundern, wenn man Laven und Schlacken so wenig, Basalte dagegen so bedeutend und bis zum Zerfallen in Erde zersetzt findet?

Je schwächer im Mineralreiche die Zersetzungsmittel auf Silicatgesteine wirken, welche sehr schwer zersetzbar sind, desto längere Zeiträume sind zur Zersetzung erforderlich. Zwei Zersetzungsmittel in der Atmosphäre (Kohlensäure und Sauerstoff) sind es, welche zu den schwächsten Zersetzungsmitteln der erdigen, alkalischen und Eisenoxydul-Silicate gehören. Daher kann nur innerhalb sehr langer geologischer Perioden eine vollständige Zersetzung dieser Silicate stattfinden.

Auſser dieser groſsen Verschiedenheit im geologischen Alter zwischen Basalt und Lava, welches bei der letztern vielleicht noch nicht hinreicht, die Wirkungen der Zersetzungsvorgänge deutlich hervortreten zu lassen, gibt es noch eine andere Ursache zur Erklärung der verschiedenen Zustände in der Beschaffenheit beider Gesteine.

Je poröser ein Gestein, desto mehr dringen Gewässer in dasselbe und führen lösliche Zersetzungsproducte fort. Da nun die Poren in den *Laachersee*-Laven bis auf 30,75% und in den Schlacken bis auf 66,26% steigen, so ist es klar, daſs jene Producte (Carbonate u. s. w.) gänzlich oder bis auf Spuren fortgeführt werden.

Ebenso verhalten sich die Laven auf *Island*, deren

Poren bis auf 60,89% steigen. Die rostbraune Farbe der älteren dieser Laven zeigt übrigens, dafs bedeutende Zersetzungen bereits eingetreten sind und dafs daher lösliche Zersetzungsproducte fortgeführt worden sein müssen. Eine sehr poröse Lava von der Eruption des *Hekla* 1845 erweist sich dagegen völlig unalterirt.

Die Basalte sind dagegen in der Regel entweder gar nicht porös oder die Poren steigen nur auf 1,48%. Daher wird nur wenig von den löslichen Zersetzungsproducten fortgeführt, mithin brausen sie mehr oder weniger mit Säuren. Ein sehr poröser Basalt von *Medwe* aus *Ungarn* (er enthielt 59,12% Poren) brauste nicht im mindesten mit Säuren.

Kapitel XIX.

Melaphyr.

Da die Zusammensetzung der Melaphyre der der Laven ziemlich nahe kommt: so ist man berechtigt, auf eine gleiche Bildungsart beider Gesteine zu schliefsen. Da aber der Melaphyr bei weitem dickflüssiger als Lava und Basalt ist: so kann man sich nicht denken, dafs er wie Lava in Strömen hätte fliefsen können.

§. 66. Porosität der Melaphyre.

Es wurden gefunden im Melaphyr vom

	Volumtheile der Poren
Finkenhübel in *Schlesien*	porenfrei
Falgendorf in *Böhmen*	»
Birkenfeld, Nahegebiet	»
Weisselberg bei *St. Wendel*	2,63
Geracher Mühle im *Fischbachthal, Nahegebiet* . .	9,67

Melaphyre von gröfserem Porengehalt, welche man mit Lava- und Basaltschlacken vergleichen könnte, sind mir nicht zugekommen. Die Melaphyre scheinen mit den Basalten gemein zu haben, dafs auch sie nur wenig oder gar nicht porös sind und darin von den Laven abweichen. Zur Schlackenbildung sollten sie vorzugsweise geneigt sein, da sie im geschmolzenen Zustande so überaus zähflüssig sind.

Der Mangel an Poren bei den Melaphyren hängt wohl damit zusammen, dafs dieselben, selbst wenn sie sehr frisch und unverändert aussehen, doch sehr stark mit Säuren brausen. Der Grund dieser Erscheinung liegt nahe. Durch Aufnahme der atmosphärischen Kohlensäure und durch theilweise Zersetzung der Kalksilicate sowie durch theilweise höhere Oxydation der Eisenoxydulsilicate nimmt die Masse der Melaphyre zu. Die Zersetzungsproducte, das Kalkcarbonat und das Eisenoxydhydrat erfüllen die Poren des Gesteins.

Wahrscheinlich werden in demselben Grade der Zersetzung wie bei den Melaphyren, so auch bei den Basalten die Poren verschwunden sein. Wenn im letzten Stadium der Zersetzung der Basalte und Melaphyre der kohlensaure Kalk durch Gewässer fortgeführt wird, so müssen sie selbstredend porös werden.

§. 67. Verhalten des Melaphyr zur Salzsäure.

Wie das Verhalten der Lava und des Basalt zur Salzsäure (S. 203): so wurde auch das des Melaphyr mit dem der Lava zu dieser Säure verglichen. Der angewandte Melaphyr stammte von *Gerach* bei *Birkenfeld*, die Lava abermals vom *Bausenberg*.

Versuch I.

Nach 24stündiger Behandlung mit Salzsäure ergaben sich folgende Verhältnisse:

	Melaphyr	Lava
Unlösliche Bestandtheile	79,03	78,58
Lösliche »	17,17	21,42
Kohlensäure, welche durch Schmelzen ausgetrieben wurde	3,80	—
	100,00	100,00

Versuch II.

Nach 24stündiger Behandlung mit Salzsäure (S. 203) sich folgende Verhältnisse:

	Melaphyr geschmolzen	Lava geschmolzen
Unlösliche Bestandtheile	98,01	81,43
Lösliche »	1,99	18,57
	100,00	100,00

Aus diesen und den früheren Versuchen ergeben sich folgende Resultate:

1) Die Mengen der unlöslichen und löslichen Bestandtheile des Basalt stimmen mit denen des Melaphyr sehr nahe überein.

2) Während die löslichen Bestandtheile des Basalt durch Schmelzen zunehmen, nehmen sie beim Melaphyr bedeutend ab.

Es ist eine merkwürdige Erscheinung, dafs dasselbe Agens, die Schmelzhitze, entgegengesetzte Wirkungen in Gesteinen von nahe gleicher Zusammensetzung hervorbringen kann. Theils werden durch Salzsäure zersetzbare Bestandtheile in unzersetzbare, theils unzersetzbare in zersetzbare umgewandelt.

§. 68. Zersetzung der Melaphyre.

Die Melaphyre sind der Zersetzung ebenso wie die Basalte, wenn nicht in noch höherem Grade, unterworfen. Auch sie übertreffen daher in dieser Beziehung bei weitem die Laven. Da sie wie die Basalte ein bei weitem höheres Alter als die Laven besitzen: so ist ebenfalls darin die Ursache der so ungleichen Wirkungen der Zersetzung zu suchen.

Ausführlich habe ich die Zersetzung der Melaphyre in meinem Lehrbuch der Geologie, 2. Aufl. Bd. III, S. 457 ff. besprochen. Wenn wie in den dort angeführten Melaphyren von *Rheinbayern* die Umwandlung der Kalksilicate in Kalkcarbonat in so hohem Grade hervortritt: so mufs Kieselsäure-Ausscheidung in gleichem Verhältnisse stattfinden. An Material zur Bildung von Jaspis u. s. w. fehlte es daher nicht.

Der Melaphyr vom *Finkenhübel* ist voll von Höhlenräumen, deren Gröfse sehr variirt. Der gröfste hatte einen Durchmesser von 1 Zoll, die kleinsten sind unmefsbar. Alle sind mit Chalcedon erfüllt; jener gröfste schliefst schöne Bergkrystalle ein. Die Grundmasse ist sehr dicht und wie sich ergeben hat, gänzlich porenfrei. Bei Bestimmung der Porosität wurde ein Bruchstück ausgewählt, welches möglichst frei von Einschlüssen war. Dafs die kleinsten wie die gröfsten Höhlenräume völlig ausgefüllt waren, hat sich aus der Bestimmung der spec. Gewichte ergeben.

Die ocherbraune Farbe und das sehr starke Brausen mit Säuren haben dargethan, dafs das Gestein in hohem Grade zersetzt war, ohne aber seine dichte Beschaffenheit eingebüfst zu haben. Nehmen wir die Höhlenräume als gegeben, zersetzt die atmosphärische Kohlensäure Kalksilicate: so wird Kieselsäure ausgeschieden und durch Gewässer in jene Räume geführt; das Kalkcarbonat bleibt zurück. Die dichte Beschaffenheit des Gesteins wird nicht alterirt. Dies setzt aber voraus, dafs das verdrängende Kalkcarbonat denselben Raum erfüllt wie die verdrängten Kalksilicate.

War der Melaphyr auf seiner Lagerstätte bedeckt mit

gänzlich zersetztem Melaphyr: so konnte den Höhlenräumen von oben herab gleichfalls Kieselsäure zugeführt werden; in diesem Falle würde die gänzliche Erfüllung der Höhlenräume mit kieseligen Absätzen begreiflicher werden.

Die von meinem Freunde Zirkel angestellten mikroskopischen Untersuchungen der Melaphyre haben ergeben, dafs diese Gesteine, wenn sie auch frisch und unverändert aussehen, sich sammt und sonders in einem weit fortgeschrittenen Zustand der Umwandlung und Zersetzung befinden. Nach den bisherigen Beobachtungen scheint die ursprüngliche Beschaffenheit ihrer mikroskopischen Structur und Zusammensetzung mit der der frischen, unzersetzten Basalte ziemlich überein zu stimmen.

Register.

Bonn, Druck von Carl Georgi.